社区规划理论与实践丛书
丛书主编　刘佳燕

参与式社区规划与设计工具手册

Participatory Community Planning and Design Toolkit

刘佳燕　大鱼社区营造发展中心　著

中国建筑工业出版社

图书在版编目（CIP）数据

参与式社区规划与设计工具手册 = Participatory Community Planning and Design Toolkit / 刘佳燕，大鱼社区营造发展中心著 . —北京：中国建筑工业出版社，2022.10 （2023.11重印）
（社区规划理论与实践丛书 / 刘佳燕主编）
ISBN 978-7-112-27872-5

Ⅰ . ①参…　Ⅱ . ①刘… ②大…　Ⅲ . ①社区—城市规划—手册　Ⅳ . ① TU984.12-62

中国版本图书馆 CIP 数据核字（2022）第 162968 号

责任编辑：黄　翊　徐　冉
责任校对：芦欣甜

社区规划理论与实践丛书 / 丛书主编　刘佳燕
参与式社区规划与设计工具手册
Participatory Community Planning and Design Toolkit
刘佳燕　大鱼社区营造发展中心　著
*
中国建筑工业出版社出版、发行（北京海淀三里河路9号）
各地新华书店、建筑书店经销
北京雅盈中佳图文设计公司制版
北京市密东印刷有限公司印刷
*
开本：787 毫米 × 1092 毫米　1/16　印张：$11^{1}/_{4}$　字数：249千字
2022 年 10 月第一版　2023 年 11月第二次印刷
定价：69.00元
ISBN 978-7-112-27872-5
（39938）

前　言

近年来，社区规划在中国各地广泛而迅速地兴起，参与作为其核心理念，推动资源投入、规划设计与社区需求之间建立起更加紧密的联系。

参与是一种态度，也是一种方法。正所谓“工欲善其事，必先利其器”，选择适宜、有效的参与工具和方法，能更好地实现参与的价值观。

本书希望为致力于社区规划和社区参与，或哪怕仅仅只是对此感兴趣的人们，提供通俗易懂的工具入门指南。本书想告诉大家的是：一方面，参与并不简单等于把各类人群聚集在一起搞活动，参与的质量比“热闹”更重要；另一方面，参与也并非高深的技法，每一位有兴趣发起、参与或推动社区规划的人，包括社区研究者、规划设计师、社会工作者、基层工作人员、高校师生，乃至社区居民，通过学习、理解和在实践中的不断尝试和总结，都可以掌握并形成适合自己和特定任务的工具、方法。最后，需要指出的是，工具无所谓高低之分，适合的就是好的；工具亦无定式，而应因时、因地、因人制宜。所以，本书中对每个工具都重在介绍其特点和适用面，以便读者根据需要进行调整、延伸和拓展。

本书的撰写团队主要包括清华大学建筑学院刘佳燕团队和大鱼社区营造发展中心（简称大鱼营造），同时得到了北京市东城区社区参与行动服务中心、北京和合社会工作发展中心、南京互助社区发展中心的大力支持，并为本书提供了丰富而精彩的实践案例。

编写分工

第 1、2 章

刘佳燕

第 3 章

社区地图：刘佳燕、李宜静
世界咖啡：刘佳燕、李宜静
开放空间：刘佳燕、欧阳小珍、李宜静
"玻璃鱼缸"式讨论：刘佳燕、沈毓颖
学习圈：刘佳燕、李宜静
愿景工作坊：刘佳燕、赵壹瑶
参与式设计工作坊：刘佳燕、沈毓颖、金静、何嘉

第 4 章

与社区握手的小事：张欢
草图访谈：刘佳燕、沈毓颖
A to Z 关键词：金静、罗嘉彧
卡牌游戏：刘佳燕、李宜静
圆桌会议板：刘佳燕、沈毓颖
问题树：刘佳燕、李宜静
Ketso 工具包：刘佳燕、沈毓颖
社区设计思维画布：刘佳燕、沈毓颖
KJ 法：刘佳燕、李宜静
社区议题板：刘佳燕、沈毓颖
规划真实模拟：刘佳燕、沈毓颖
线上公众参与工具：刘佳燕、沈毓颖

第 5 章

社区刊物：金静、罗嘉彧
街区主题地图：金静、罗嘉彧
照片之声：刘佳燕、李宜静
戏剧表演：刘佳燕、李春红、李宜静
社区展览：朱丹、范觉唯
参与式营建：刘佳燕、李宜静

第 6 章

社区踏查：金静、罗嘉彧
社区开放日：金静、罗嘉彧
社区节日：金静、罗嘉彧
社区参与据点：朱丹、范觉唯
街区发生器：金静、浦睿洁

第 7 章

清河街道参与式社区更新：刘佳燕、沈毓颖
新华路街区整体营造：金静、罗嘉彧
机场新村社区博物馆营造：朱丹、范觉唯
翠竹园社区中心儿童参与式改造：吴楠、马伦郁

版面设计与插图：李宜静、赵壹瑶

目　录

1 概述

1.1 关于参与式社区规划
1.2 关于本书
1.3 工具总览表

1.1 关于参与式社区规划

参与和参与式社区规划

关于参与，人们往往简单地将其理解为群众参加各项社区活动。但究其本质，参与应是一种新的发展价值观——区别于传统的自上而下的决策者说了算的模式，它强调相关群体能积极、有效地参与到对其生活产生影响的决策制订、资源分配和利益分享等过程中。大量实践证明，成功的参与有助于形成更好的决策，找到更有效的解决方案。

因此，参与既是一种方法，发动社区和相关力量共同加入，提供有创造力的资源；也是一个过程，为多元群体提供平等对话和参与决策的机会，为弱势群体提供发声的渠道；更重要的是，它还是一种价值观，强调在相互尊重和包容发展的基础上，实现责任共担、价值共创、利益共享。

随着近年来公众参与意识不断增强，城市发展与建设步入重大转型期，参与式社区规划日益成为城市规划与更新的重要内容。参与式社区规划指基于平等参与、共同决策的原则，广泛吸纳和有效推动多元利益相关主体参与社区发展的规划研讨、制订和实施过程，以当地知识为基础，有效发动并整合社区及周边资源，通过共商、共建、共治，提升人居环境品质，营造和谐共同体，实现社区的全面、可持续发展。

本书中的社区规划强调以社区人居环境提升为核心，将其作为不可或缺的内容和主线（以此区别于社区治理、社区服务等单纯的软件提升项目），这也正应对了当前我国微观人居环境品质亟待改善的现实需求。与此同时，空间又并非其全部内容，应注重社区在人文、经济、环境、服务和治理等方面的全面提升，相信阅读过本丛书中前两分册《社区规划的社会实践：参与式城市更新及社区再造》《社区规划师——制度创新与实践探索》的读者能有更深刻的体会。

参与，作为社区规划的突出特点，应贯穿于规划的全过程。它是确保社区规划得以顺利实施并可持续进行的前提，也是实现社区可持续发展的基础——让社区规划与社区发展不再是政府或专业人员的“一己之愿”，而成为众人愿意为之持续付出和奋斗的共同愿景。

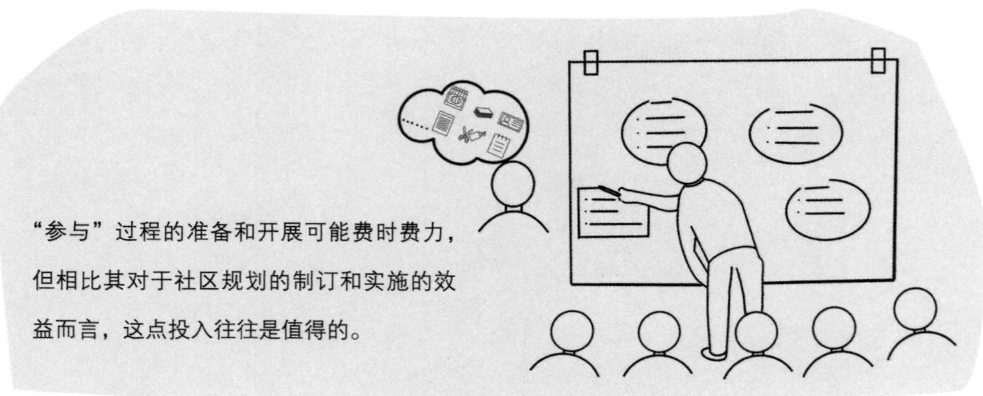

参与式社区规划的效益

总体而言，参与式社区规划能带来以下五个方面的效益。

□ **明确问题界定**。“做对的事情”比“把事情做对”更重要。对于社区规划而言，首要任务应是发现与明确问题，才可能走向“解决真问题”。社区、基层工作者和地方性社会组织对本地情况最为熟悉，是地方性知识的重要源泉，通过吸纳他们参与，有助于更有针对性地界定问题。

□ **推动规划实施**。通过全过程参与，培育共识、形成共同愿景和共同行动，在政府公共资源之外汇集更多的社会资源（人力、物力、财力和智力等），使规划成果能更好地得到各方认同并顺利实施。

□ **增进邻里连结**。围绕社区中大家共同关心的公共议题，在对话、沟通与协作中，促进邻里不同个体、群体间意见和价值观的交流与相互理解，培育社区认同感和归属感，强化社区社会资本。

□ **提升地方能力**。通过研讨、协商、斡旋、愿景展望、共同设计等多种参与形式，提升社区在表达诉求、共同学习、民主协商、团队协作、空间设计、审美创造等方面的能力。

□ **强化公民意识**。围绕社区日常生活相关的公共议题，通过共同参与并寻求公共利益提升的路径，增进各方主体对于公共事务的关注、认知和投入意愿，让社区成为公民意识培育的重要阵地。

概述

常见问题

工作坊类

小工具类

共创产出类

社区激活类

综合性案例

社区规划中参与的目的

规划往往被视为一种高高在上的、具有很高技术门槛的工作。社区规划中参与式设计的核心目的，就是要打开专业化设计的“黑箱”，使之更加透明，成为众人均可参与的工作。

参与的主要目的包含以下三个方面。

□ **相互尊重**。很多时候,规划中的人、活动中的参与者往往被理解为一种统计学意义上的、抽象的概念。而社区规划中的参与，强调应尊重每个参与者的立场、想法和提案，营造平等的氛围，以此作为交流的出发点。

□ **信赖与交流**。社区规划中的参与活动，不是为了让预期的想法或方案获得认可，而应指向通过共同的开放讨论得到某种结果。在相互信任的基础上，促进经验共享、意见交换和相互学习，营造大家在一起轻松、协同工作的机会。

□ **社区赋能**。参与不仅仅是为了获得参与者的意见和行动，还应帮助他们提高分析和解决问题的能力，强化其对集体和公共利益的关注，使其从旁观者、抱怨者变为能够理性分析和提出方案建议，并付诸实践的积极行动者。

参与方法的重要性

参与式社区规划作为一个过程，其组织的好坏，会直接影响到规划成果的效用和可实施性。看似简单的参与背后，方法至关重要。

参与本身就是一件复杂的事情，参与式社区规划涉及不同利益主体共同参与讨论与切身利益紧密相关的社区事务，更是一件复杂又充满挑战的技术工作。其中，应吸引哪些人参与，如何激发参与者的积极性和协作能力，如何挖掘地方知识和资源，如何确定议题，如何开启话题，如何形象带入，如何让讨论层层深入，如何导向共识而避免无谓争议……这些都是参与式社区规划的组织者和推动者必须面对而又常常为之头疼的现实问题。要实现开放而有效的参与，掌握适宜的工具及其使用方法至关重要。

每个社区都是与众不同的，参与式社区规划也很难说有固定的模式。不过，有一些通用且好用的工具和方法，能让参与过程变得更加高效、有效且易于操作。

当然，工具和方法不等于参与的全部。不能说使用了某种参与式的工具或方法，就能确保实现完整意义的参与。工具和方法本身并非目标，而只是辅助性的手段，应服务于社区规划的议题与内容。参与的核心，是对每位参与者平等尊重的理念，是倡导开放和公正的态度，是为行动者赋权的过程。因此，在工具和方法的选择与使用过程中，需要不断地自我提醒和审查，是否能真正体现上述思想。

1.2 关于本书

本书主要面向社区规划师、专业设计人员、社会工作者，政府部门、社会组织和基层的社区规划和社区治理实践工作者，以及城乡规划、建筑学、景观设计、社会学、社会工作等专业师生，乃至各位社区居民，为他们组织和参加参与式社区规划活动提供常用的工具和方法参考。

通过广泛收集和梳理国内外参与式社区规划中的常用工具，结合笔者及合作团队近年来在国内大量社区规划实践中的应用和在地化转译，本书选出最具代表性的 30 个工具。根据其自身特征和使用场景，将其分为工作坊类、小工具类、共创产出类、社区激活类共四种类型，以简洁明了、通俗易懂、图文并茂的方式，对各工具的定义、形式、使用方法、使用流程，以及代表性案例等进行介绍。

全书共 7 章。

第 1 章是总体概述，介绍参与式社区规划的相关概念、效益，参与的目的、方法的重要性，以及全书内容的基本构成。其中，第 3 节采用工具总览表的形式，将各个工具在基本类型、适用阶段、适用人数、实施时间、组织难度、物料成本等方面的特征简要呈现，便于读者应对不同类型和要求的社区规划活动，能快速检索到适合使用的工具。

第 2 章以问答的形式，分享参与式社区规划活动中的一些通用准则。

第 3—6 章分别介绍了工作坊类、小工具类、共创产出类、社区激活类的常用工具，及其使用方法和代表性案例。

第 7 章为综合性案例，展示出多种参与式工具如果能恰当地组合使用，将获得更好的成效。

希望在不久的未来，每个社区都能拥有属于自己的社区规划中心，向社区中居住、就业、消费的各类群体，全面呈现出社区的现状风貌、特色资源、主要问题、未来期许和建设愿景。人们在这里可以更加深入、系统地了解自己的家园，学习和掌握参与式社区规划方法，并有机会参与到各种感兴趣的社区规划活动中，在共同的投入和创造中让美好的家园愿景变成现实。

工具页面说明

工具的类型索引
通过索引栏可快速找到相应的工具类型

工具的基本概念
包括工具的常用中英文名称、基本定义、特点、来源、构成等

工具的成果形式
使用该工具后，可能产出的一种成果形式

工具的使用流程
工具使用中通常采用的流程、工作内容，以及各个步骤的常用时长

概述 | 常见问题 | 工作坊类 | 小工具类 | 共创产出类 | 社区激活类 | 综合性案例

3.1 社区地图

社区地图（community mapping）指组织参与者基于社区踏勘、研讨，将社区特征要素、问题或主观评价以地图形式进行标注，从而更直观地展示社区问题和特色场所，增进参与者对社区的理解和共识，帮助规划师更迅速、清晰地把握社区的社会空间特质和居民诉求。

通常包括社区资产地图、问题地图、机遇地图、情感地图等类型。

工具特征

阶段分类

建立联系 | 认知现状 | 形成愿景 | 制订方案 | 实施运营

适用人数

≤50人 | 51–100人 | ≥101人

实施时间

≤0.5天 | 1天 | n次/n天

组织难度

低 | 中 | 高

物料成本

低 | 中 | 高

场地与设备

（1）场地：室内空间，桌椅可移动布置，满足分组讨论的要求；室外空间。

（2）设备：投影/显示屏或展示墙/板等。

目标与特点

（1）较全面地掌握不同群体对社区的差异化认知。

（2）在参与过程中，增进不同群体间的交流。

（3）较快速地形成社区社会空间特征画像。

温馨提示

（1）参与分组环节，将不同（性别、年龄、职业、收入等）群体进行集中或分散分组，会带来不同的效果：集中分组有利于快速明确某类特征群体的共性需求和问题；分散分组有利于促进不同群体间的交流互动和相互了解。

（2）分组热身环节，先让参与者标注自我称谓（可采用标签、挂牌、臂贴等形式），便于互动与交流。

（3）地图绘制环节，可让参与者先从自己熟悉的场所入手，激发其兴趣。考虑老年居民的书写和阅读习惯，资料字体和填写区域宜适当放大。

24

活动流程

1. 分组热身 15–30分钟

主持人开场，介绍活动目的和流程安排。活动分组，每组宜为4–6人，各组围桌而坐后，推选组长，分配工作任务。可通过破冰游戏等互动形式，增进参与者相互认识，活跃氛围。

2. 社区踏勘（可选项） 40–60分钟

组织参与者在社区主要路径、重要场所进行现场踏勘；每组至少1名工作人员随行协助（引导路线、辅助记录等），各组可选择不同踏勘路径；用地图和便签随时记录场地相关信息，并进行影像记录。

3. 地图绘制 30–40分钟

以组为单位，将分别记录的场地信息和评价意见等进行整理，通过内部交流，形成共识性意见或保留不同观点，汇总到1–2张地图上。可采用图文并茂的形式，如贴纸、文字标注、图示、立式便签等。

4. 展示交流 每组15–30分钟

以组为单位，分别向所有参与群体对地图成果进行介绍，分享踏勘、研讨的发现，所有人可围绕其发言内容进行提问或交流。

5. 成果汇总

工作人员梳理并汇总各组成果和交流意见，形成社区地图的最终成果。

成果形式

在便利贴上注明具体问题和建议

红色贴纸表示特色场所

蓝色贴纸表示问题场所

社区资产与问题地图

25

工具的特征标签

1. 阶段分类：社区规划过程通常分为5个阶段，包括前期的“建立联系”和“认知现状”、中期的“形成愿景”和“制订方案”，以及后期的“实施运营”。蓝色框标识出工具主要适用的阶段。

2. 适用人数：工具适用的社区规划参与者人数（不含工作人员）。书中将社区规划按参与人数规模分为小、中、大3类，其中50人和100人的分界标准是参考了工作坊和开放性活动等的经验数据，实际使用中可作为概数参考。

3. 实施时间：使用工具通常需要的时间，其中“n次/n天”表示可以是1次多天或多天多次。

4. 组织难度：组织方使用工具所需要的专业能力。“低”指一般的居委会、社会组织、个人都可以较好地掌握和使用，“中”指需要工作坊主持人、规划设计师等专业人员的参与，“高”指涉及更多布展、表演、建造、软件等相关专业人员和设施、设备的支持。

5. 物料成本：工具使用所需的物料费用（不含场地、人工费用）。“低”指通常只需要配备常用的纸、笔、便利贴等文具，“中”和“高”指还涉及展板、手册、模型、设施、设备等的购置和制作费用。

6. 场地与设备：工具使用通常需要的场地和设施、设备要求。

7. 目标与特点：工具使用的主要目标及其特点。

8. 温馨提示：在工具使用中通常需要注意的准备事项、操作细节、特定人群等。通过对这些细节的关注，能让工具的使用更为顺利，更好地实现预期效果。

常备小工具列图

1. 可移动桌椅　2. 黑 / 白板　3. 展板

4. 投影仪 / 电子屏幕　5. 影像记录设备　6. 扩音设备　7. A0 大白纸　8. A4 白纸　9. 马克笔

10. 签字笔　11. 签到表　12. 垫板　13. 姓名贴 / 名牌　14. 便利贴　15. 点点贴

16. 剪刀、胶水　17. 胶带　18. 长尾夹　19. 响铃 / 计时器　20. 合照道具

温馨提示

1. 可移动桌椅：建议选用便于移动、可折叠收纳的桌椅，方便根据需要调整布局；若需要分组讨论，桌子以小方桌、圆桌为宜。
2. 黑 / 白板：可反复擦写的书写板，配备板擦和笔。
3. 展板：立式或悬挂式，用于粘贴活动海报、重要信息、共创成果等。
4. 投影仪 / 电子屏幕：可方便切换展示 PPT 文件、活动照片、海报、成果等电子化信息；与展板相比，能节约空间，但不利于实现信息的同时呈现、对比。
5. 影像记录设备：手机、相机等，用于拍照、录音、拍摄视频等。
6. 扩音设备：音响、麦克风等。
7. A0 大白纸：用于多人集体创作成果，便于交流展示。
8. A4 白纸：用于个人的书写和绘画。
9. 马克笔：用于较大纸面上的书写和绘画，宜选用多色、双头马克笔。
10. 签字笔：用于书写、记录，以黑色为主。
11. 签到表：用于参与者签到和留下联络信息。
12. 垫板：用于户外调研等情况，方便信息记录。
13. 姓名贴 / 名牌：用于展示参与者称谓、自我介绍关键词、自画像等；可通过不同颜色区分不同角色的参与者和工作人员。
14. 便利贴：用于记录关键词或想法；可采用不同颜色，便于分类记录和整理；宜选用强黏性的。
15. 点点贴：不同颜色、符号的小贴纸，可反复粘贴，用于投票或固定。
16. 剪刀、胶水：用于图文材料的剪裁、组合。
17. 胶带：双面胶、不干胶、美纹纸胶带等，用于临时粘贴、固定纸张等材料；彩色胶带还可用作破冰道具、临时指引等；宜选用无痕型。
18. 长尾夹：用于固定道具、整理资料。
19. 响铃 / 计时器：工作坊活动中用于提醒参与者注意力回归或用时提醒。
20. 合照道具：如一些印有口号或标识、烘托氛围的 KT 板等。

1.3 工具总览表

在社区规划活动的前期筹备中，可以根据一些前置性条件，如规划所处的阶段（阶段分类）、活动参与人数（适用人数）、计划实施的时间（实施时间）、专业组织能力（组织难度）、物料预算（物料成本）等，从下表中进行快速检索，找到可能适用的某项或某几项工具，然后对照页码找到相应的介绍页面，了解更为全面的工具信息。

	工具名称	阶段分类					适用人数			实施时间			组织难度			物料成本			页码
		建立联系	认知现状	形成愿景	制订方案	实施运营	≤ 50人	51–100人	≥ 101人	≤ 0.5天	1天	n次/n天	低	中	高	低	中	高	
工作坊类	社区地图		■				■			■	■			■		■			24
工作坊类	世界咖啡		■	■	■	■	■			■	■			■		■			28
工作坊类	开放空间		■	■	■	■	■	■		■	■			■		■			32
工作坊类	“玻璃鱼缸”式讨论		■	■	■	■	■	■		■	■			■		■			36
工作坊类	学习圈	■	■	■	■	■	■	■		■	■	■		■		■			39
工作坊类	愿景工作坊			■	■		■			■	■			■		■			42
工作坊类	参与式设计工作坊			■	■		■			■	■	■		■	■		■	■	46
小工具类	与社区握手的小事	■					■	■	■			■	■			■			53
小工具类	草图访谈		■				■			■				■		■			56
小工具类	A to Z 关键词		■	■			■			■			■			■			60
小工具类	卡牌游戏	■	■	■	■	■	■			■			■			■			64
小工具类	圆桌会议板		■	■	■	■	■			■			■			■			70
小工具类	问题树		■	■	■	■	■			■			■			■			73
小工具类	Ketso 工具包		■	■	■	■	■			■			■			■			77
小工具类	社区设计思维画布		■	■	■	■	■			■			■			■			81
小工具类	KJ 法		■	■	■	■	■			■			■			■			85
小工具类	社区议题板		■	■	■	■	■	■	■	■	■	■	■			■	■		88
小工具类	规划真实模拟		■	■	■	■	■	■	■			■		■	■		■	■	92
小工具类	线上公众参与工具		■	■	■	■	■	■	■			■		■	■	■	■	■	95
共创产出类	社区刊物	■	■			■	■					■		■	■	■	■		103
共创产出类	街区主题地图		■				■	■		■	■	■		■		■	■		107
共创产出类	照片之声	■	■				■	■	■			■		■	■	■	■		111
共创产出类	戏剧表演	■	■				■	■				■		■	■		■	■	114
共创产出类	社区展览	■	■						■			■		■	■		■	■	118
共创产出类	参与式营建					■	■	■		■	■	■			■			■	122
社区激活类	社区踏查		■				■	■	■	■	■	■	■			■			129
社区激活类	社区开放日	■	■						■	■	■	■		■		■	■		133
社区激活类	社区节日	■							■	■	■	■		■	■	■	■	■	137
社区激活类	社区参与据点	■	■	■	■				■			■		■	■		■	■	141
社区激活类	街区发生器	■	■	■	■	■			■			■			■			■	145

2 常见问题

2.1　参与的作用

2.2　参与式活动的适用面

2.3　参与式活动的操作

2.4　不同角色的作用

2.5　参与式工具的应用

2.1 参与的作用

Q1 为什么说参与是有意义的创造性工作？

好的参与，不是“花费时间的工作”，而是“有意义的创造性工作”。创造性的参与，不是单向的说明会，也不是多数人的决议会，而是各类群体进行开放交流、深入思考、相互学习和培育共识的过程。

要做到这些，必须坚守相互尊重、开放透明、公正平等的基本原则。不存在谁的想法或方案比谁的更专业、更好，每个参与者都应避免对他人想法进行评判或质疑。相比于选出最优方案，更重要的是参与者在过程中彼此激发想象、互相支持并看到解决问题的更多可能性。

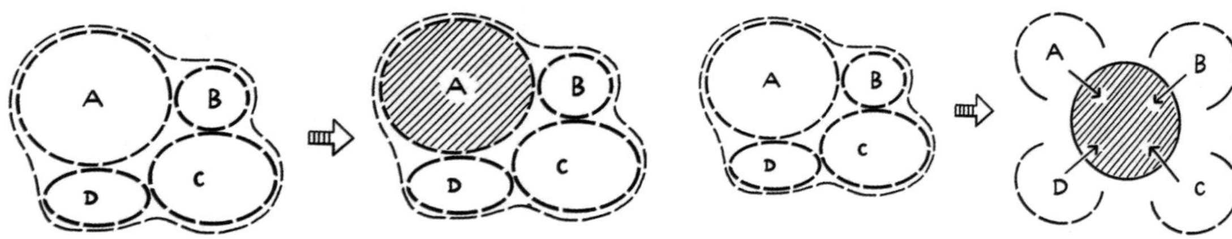

“少数服从多数”的问题解决方式　　面向多赢和共识的创造性解决方式

Q2 社区参与能否实现高质量的设计？

很多时候，社区参与规划与设计的成果可能看上去没有专业人员绘制的图纸那么“精彩”，但需要看到单纯的景观上的“美观”与真正的“美好”之间的区别。

社区参与规划与设计的精彩之处，在于成果背后折射出每个参与者的独特性、在时间浸润下对场所的真情体验，以及发自内心的期许和亲手雕琢的感性。

至于如何让设计成果更美观、功能结构更合理、细节处理更得当，这些可以交由专业设计人员在共同讨论中或事后进一步提升。

2.2 参与式活动的适用面

Q3 什么规模的规划都可以让社区参与么?

从一个社区、街区、城区，乃至整个城市的发展规划，都是可以的。

能否实现大规模的社区参与，关键不是技术性问题，而需要看是否有能反映参与成果的合适途径。

当然，在社区、街区等更贴近人们日常生活的尺度，居民更有参与的欲望和积极性，也往往对场所更熟悉，对问题认知更深刻，能实现更好的产出。

Q4 规划工作已经启动了，还可以开展参与式活动么?

参与只要做就永远都不晚。想到了，就去做!

当然，对于社区规划而言，最佳的参与时机是项目启动之初，甚至在议题、目标等都尚不甚清晰的时候，先倾听地方的关注和需求，都会有助于增强规划的针对性和地方适应性。

现在很多规划都是基本议题和规划方案定稿后，再征求公众意见，这会加大规划变更的成本，甚至可能因为后续时间紧迫或调整难度太大，参与变成了“走走形式”，进而“不了了之”。因此，本书中大量工具的使用都是强调从议题的提出、问题的界定等初期阶段就开始。

Q5 参与式方法是否可以应用到规划的实施和管理运营中?

不但可以，而且很重要。

社区规划不仅包含规划方案的制订，更重要的是方案能得以顺利实施，并在后续实现良好、持续的管理和运营。这些都离不开各类利益主体的参与和协作。

Q6 任何社区问题都能用参与式方法来尝试解决么?

总体而言是的。

特别是那些与人们日常生活息息相关的，涉及社区公共场所、公共事务的议题，更容易激发参与。

2.3 参与式活动的操作

Q7 如何吸引尽可能多的人参与？

合适的议题是吸引人们参与的关键。与其花时间担心能有多少人来，不如多花心思想想如何让议题真正反映社区最关心的问题。很多时候，没有人参与只是因为议题并非他们所关注的，或者并非他们近期愿意优先投入时间和精力去关注的。

另外，诚挚地邀请并赋予参与者信心也十分重要。人们不参与的原因，有时候只是担心自己并非某个议题方面的专家，或是不相信自己的意见能被采纳。因此，首要任务是打消他们的疑虑，尽管这不是一朝一夕就能实现的，但每一次参与都应为此而努力。组织者自己首先要相信，并让参与者也相信，他们能为社区发展作出重要贡献。然后，要明确参与的成果产出，不然只是“热闹的讨论”，参与者没有成就感；要向参与者展示成果并告知其去向，如制作总结报告，形成政策建议上交相关部门，或是落地实施。这些能给参与者带来信心鼓励和价值肯定，后续的参与将更加积极、有效，甚至社区会自发产生参与的诉求和新的议题。

参与的过程要透明。如何讨论，如何决策，这些过程的设计相比讨论的内容更为重要。社区对参与的信赖感在很大程度上取决于参与过程是否足够透明和平衡。

参与的时间、地点选择也会影响到参与意愿，如上班族很难在工作日参与，老人会有午休、做饭、接送孙辈上下学等不方便的时间段。

最后需要强调的是，尽管通常而言吸引尽可能多的人群参与是重要目标，但相比参与者的数量而言，参与的质量更为关键。

Q8 参与式活动要花不少钱？

有效的参与过程一定是需要投入经费和精力的。通过这些前期的投入，避免错误的或不恰当的规划实施所导致的巨大成本，是值得的。另外，成本投入的高低并不必然和参与的效果大小成正比。

本书中推荐的大部分都是成本投入较低而且好用的参与式工具。

Q9 出现对立的意见和价值观怎么办？

不要将其视为障碍，而应将其视为激发新想法的源泉。

当前大量趋同的想法、同质化景观的出现，正是因为对地方性和特定问题的认知被表面化了。不同的意见、差异的价值观有助于我们找到问题的症结，在“求同存异”中创造性地探寻应对地方特色的社区发展路径。

Q10 参与的过程和结果哪个更重要？

过程和结果一样重要。

参与的过程至关重要，但它并非终结。对于参与式社区规划而言，最终的目标还是获得多方共识的、适宜可行的规划方案，并顺利付诸实施。

2.4 不同角色的作用

Q11 专业人员应发挥什么作用?

传统上，人们总是习惯于从专业人员处寻求正确答案。而社区规划是建立在某种价值判断基础上的，作为"局外人"的专业人员，他们的价值观并不总是和当地社区关心的一样，他们对于社区问题的认知程度甚至可能不及居民和基层工作人员。此外，如果专业人员包揽了社区规划的所有工作，那就意味着社区只能看到从"黑匣子"中产生的最终成品，至于为什么做成这样，背后协调了哪些问题、受到了哪些限制，决策的过程和考虑的因素等都无从了解，自然容易对成果充满质疑，而难有认同感。

因此，在参与中，应避免对专业人员的过度依赖，而强调实现他们与社区的平等对话。专业人员应作为赋能者、协调者、推动者，而不是服务或解决方案的单一提供者。

致力于社区规划、社区营造、社区发展的专业人员，应重在为参与者赋能，帮助他们实现目标；专长于某项专业技能的人员，其主要职责是向参与者指出问题背后的技术瓶颈、解决路径的可能性及其影响，并提供能兼顾相关意见的技术方案，而不能代替大家作出最终判断和选择。

Q12 协调者的作用是什么?

在参与式规划的活动中，有一类重要的角色就是"协调者"（facilitator）。他可以是工作坊的主持人，也可以是小组讨论或公开活动中的引导员，主要任务包括告知讨论的目标、议题和规则，协助参与者更加积极、有效地参与交流，推动参与者共同解决问题、达成共识。他应保持中立立场，不能引导讨论，不对提出的意见作出好坏评价。

不同于传统会议中领导者或决策者往往发挥强大的主导作用，参与式社区规划强调在平等关系中达成共识。协调者的作用正是为了打开传统规划和决策中不透明的"黑匣子"。他应是平等对话的推动者，帮助各参与者实现相互之间高质量的交流。

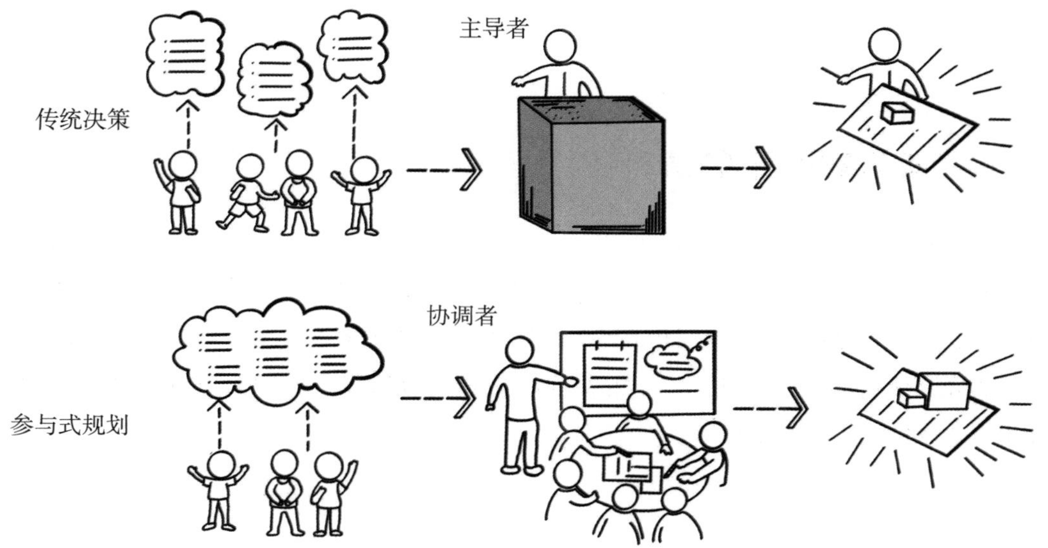

Q13 参与者应做什么？

参与者不等于听众，应鼓励他们积极地发表意见、交流探讨，也应避免其成为只提问题的“诉苦者”。参与者除了“动嘴”，还应当“动手”，即发挥智慧和创见，探索解决问题的路径与方案。

Q14 参与者的意见是否有代表性？

参与一定是以自主参与为前提，通过吸引对议题关注的人，从而汇集有价值的代表性意见。

不过，这不能成为不让所有居民都参与的理由。没有参与，有时候是因为没有及时获得消息，或是时间、地点不方便等，还有一些有强烈意见的或少数派群体常常不愿意参与，就需要创造一些其他的机会和渠道来保证他们的参与。

2.5 参与式工具的应用

Q15 如何选择参与式工具?

工具没有好坏之分，只有适用程度的差别。

本书中对每个工具及其使用方法的优劣势和适应性都有介绍，组织者可以根据活动目标、外部条件、参与者构成、社区特点和需要解决的问题等进行选择。

工具及其使用方法也不是一成不变的，可以根据实际情况灵活调整，也可以多个工具组合使用，能达到更好的效果。

Q16 参与式工具中视觉引导有什么作用?

视觉引导（graphic facilitation）是参与式社区规划工具的常用手段，通过使用文字、图像等（如关键词、便利贴、图片、构想图等）形成视觉化呈现，帮助记录过程中的信息，推进思维的转换。

它对于提升参与效果有重要作用，具体体现在：①通过及时的要点记录，帮助发言人将其意见清晰地传达给所有人，方便参与者随时回顾并更易理解对话的内容与进度，避免重复性发言；②借助颜色、图形的表达，增强参与者认知的程度和效率，并激发思考和创意；③对各方意见和讨论成果进行统一的记录和视觉上的总结，让参与者拥有关于参与过程和成果的共享记忆；④引导参与者聚焦于发言的具体内容，而不是“谁说的”，有助于避免情绪化的争议，推进建设性的讨论。

3 工作坊类

总体介绍

◆ 活动流程

工作坊作为一种鼓励不同身份、立场的群体围绕某个议题，共同展开思考、交流想法、创新思路、探索对策的方法，在参与式社区规划中得到广泛应用。

◆ 场地准备

根据工作坊的目的、要求、形式、预期参与人数等选择合适的场地。

建议以开敞的室内空间为主。如选择室外场地，需要考虑天气因素，并制订特殊情况下的应对预案，如更换时间，或改到邻近的室内空间等。

空间并非越大越好，过于空旷不利于营造交流氛围。空间形状应避免过于狭长，要保证坐在最远处的参与者也能看清主持人或分享者的文字，听清他们的发言。

要注意空间内是否有柱子或突出的墙面，这可能会影响到桌椅布置，或对某些参与者造成视线遮挡；是否有较大面积、连续、平整的墙面，并允许进行张贴，否则需要准备可移动、可张贴的展板作为替代。

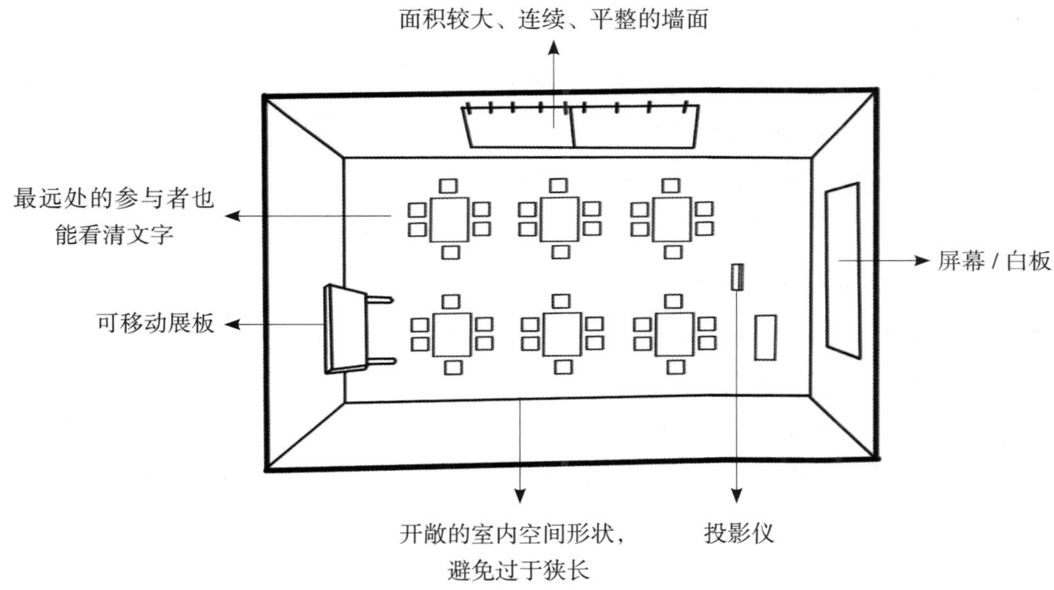

◆ 设施清单

可移动桌椅：大部分的工作坊都需要进行分组讨论，可移动的桌椅能更好地满足灵活分组和组员流动的多种要求。各组的桌子最好是方形或圆形，便于参与者围合而坐，形成面对面讨论的氛围以及进行书写记录。讨论区外围还可布置一些桌椅，方便工作人员、参与者及其他人员休息和放置物品。

黑 / 白板（配备笔和板擦）：固定或可移动的都可以，方便主持人书写重要信息。

投影仪：选配设施，可播放 PPT、图片、三维模型等数字化文件。主持人站位需要注意尽量避开投影仪的灯光。

展板：供各组分享成果时张贴纸张，建议展示区大于 A0 尺寸（84.1 厘米 ×118.9 厘米），高度宜在 0.9–1.8 米，方便参与者站立观看。

通用型物料：A4 白纸（个人记录）、A1 或 A0 大白纸（小组成果记录）、马克笔（多色）、便利贴（多色）、姓名贴、签到表、剪刀、胶水、垫板等。

◆ 布局方式

课程讲授式

类似于传统的教室桌椅并排布置的形式，所有参与者面向主持人 / 主讲人，2–3 人并桌而坐。适用于需要较长时间的重要信息集中讲授环节，有利于参与者将注意力集中到主持人 / 主讲人身上，但参与者之间的互动不足。

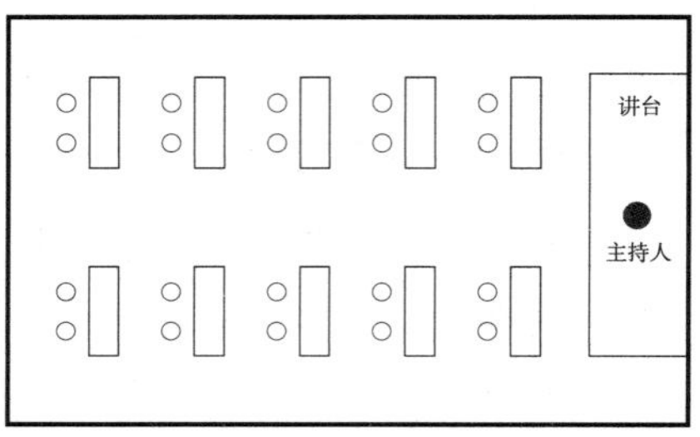

分组讨论式

参与者宜按 4–6 人一组，分组围桌而坐。适用于围绕某一议题进行头脑风暴或深度讨论，有利于组内进行全面、深入的观点交流和问题探讨，通常结合组间的成员互换、成果汇报等形式增进各组之间的交流。

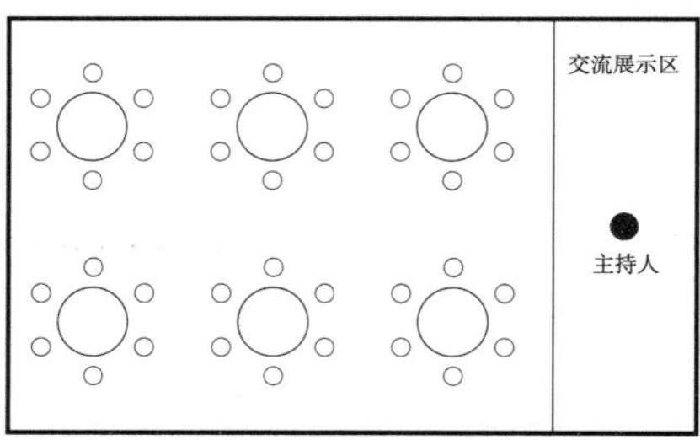

分组围合式

参与者分组坐在外围地区，中间区域布置集中讨论、工作的图纸或模型等较大体量的成果。适用于社区开放空间、社区地图等的成果讨论、制作和展示环节，有利于参与者通过共同协作激发积极性和参与感，需要场地具备一定规模，而且中间尽量没有墙、柱等的分隔、遮挡。

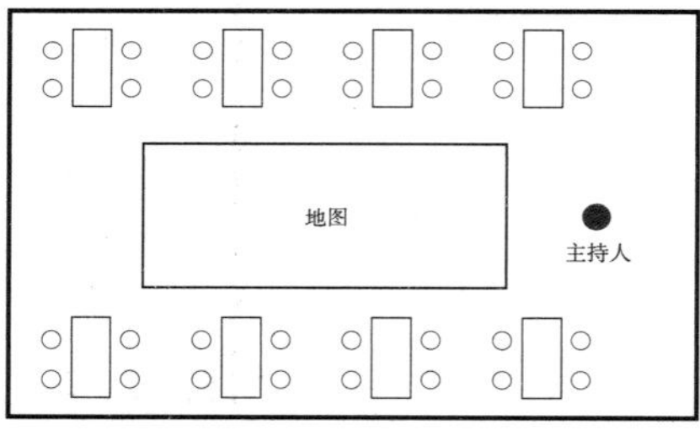

大组围合式

参与者围成一圈相向而坐 / 站。适用于开场的破冰游戏、结尾的总结交流等环节，且参与者总人数不太多的情况，有利于所有参与者之间的交流互动。

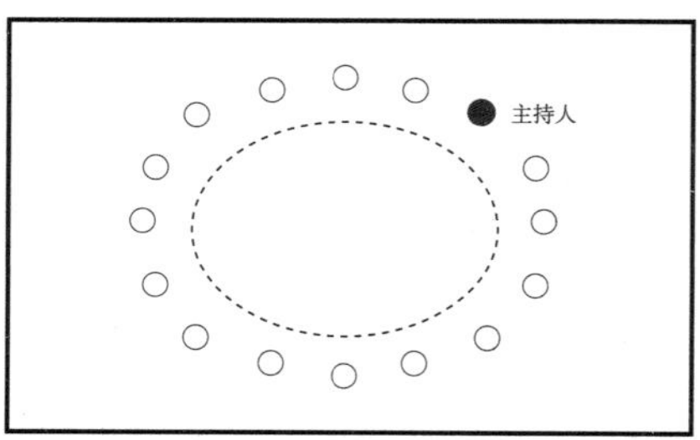

玻璃鱼缸式

参与者根据直接参与讨论或旁听讨论的不同身份，分为圈内和圈外两个区域，围合而坐。适用于参与人数众多、围绕争议性问题的协商，有利于提高参与度、促进参与者对议题的深入理解。

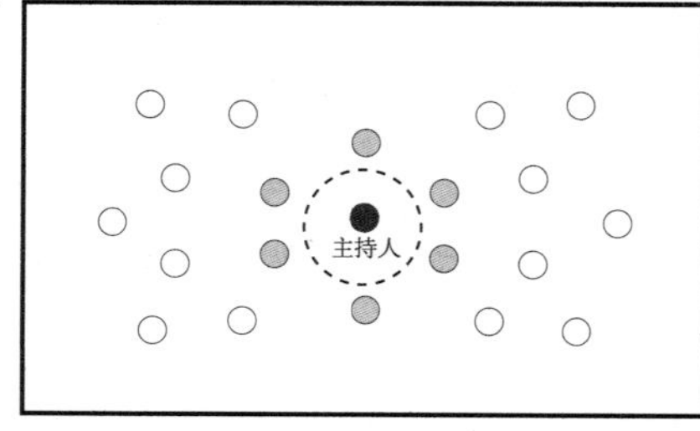

◆ 参与者邀请和分组

参与者的选择很重要，既要体现主体的多元性（最好涵盖不同年龄段和身份的人，如老人、中年人、青年、儿童等，以及上班族、社区工作者、商户等），也要找到在社区有一定生活经验、对地方情况熟悉或有特别感情的人。

当工作坊的参与者人数较多时，让所有人围坐一起进行讨论并不一定能有好的效果。因此通常会采用分组的方法，每组以 4–6 人为宜，小组的成员和讨论议题可以根据需要保持不变，或在不同轮次进行调整。

各组的成员构成应尽可能在年龄、性别、职业、立场、熟悉程度等方面保持差异化，以促进不同观点的表达与交流。

常用的分组方法包括：①给参与者编号，进行随机分组；②让参与者选择感兴趣的议题来分组。

3.1 社区地图

社区地图（community mapping）指组织参与者基于社区踏勘、研讨，将社区特征要素、问题或主观评价以地图形式进行标注，从而更直观地展示社区问题和特色场所，增进参与者对社区的理解和共识，帮助规划师更迅速、清晰地把握社区的社会空间特质和居民诉求。

通常包括社区资产地图、问题地图、机遇地图、情感地图等类型。

工具特征

阶段分类

建立联系	**认知现状**	形成愿景
制订方案	实施运营	

适用人数

≤ 50 人	51–100 人	≥ 101 人

实施时间

≤ 0.5 天	**1 天**	n 次 /n 天

组织难度

低	**中**	高

物料成本

低	中	高

场地与设备

（1）场地：室内空间，桌椅可移动布置，满足分组讨论的要求；室外空间。

（2）设备：投影 / 显示屏或展示墙 / 板等。

目标与特点

（1）较全面地掌握不同群体对社区的差异化认知。

（2）在参与过程中，增进不同群体间的交流。

（3）较快速地形成社区社会空间特征画像。

温馨提示

（1）参与分组环节，将不同（性别、年龄、职业、收入等）群体进行集中或分散分组，会带来不同的效果：集中分组有利于快速明确某类特征群体的共性需求和问题；分散分组有利于促进不同群体间的交流互动和相互了解。

（2）分组热身环节，先让参与者标注自我称谓（可采用标签、挂牌、臂贴等形式），便于互动与交流。

（3）地图绘制环节，可让参与者先从自己熟悉的场所入手，激发其兴趣。考虑老年居民的书写和阅读习惯，资料字体和填写区域宜适当放大。

活动流程

1. 分组热身　　15–30 分钟

主持人开场，介绍活动目的和流程安排。活动分组，每组宜为 4–6 人，各组围桌而坐后，推选组长，分配工作任务。可通过破冰游戏等互动形式，增进参与者相互认识，活跃氛围。

2. 社区踏勘（可选项）　　40–60 分钟

组织参与者在社区主要路径、重要场所进行现场踏勘；每组至少 1 名工作人员随行协助（引导路线、辅助记录等），各组可选择不同踏勘路径；用地图和便签随时记录场地相关信息，并进行影像记录。

3. 地图绘制　　30–40 分钟

以组为单位，将分别记录的场地信息和评价意见等进行整理，通过内部交流，形成共识性意见或保留不同观点，汇总到 1–2 张地图上。可采用图文并茂的形式，如贴纸、文字标注、图示、立式便签等。

4. 展示交流　　每组 15–30 分钟

以组为单位，分别向所有参与群体对地图成果进行介绍，分享踏勘、研讨的发现，所有人可围绕其发言内容进行提问或交流。

5. 成果汇总

工作人员梳理并汇总各组成果和交流意见，形成社区地图的最终成果。

成果形式

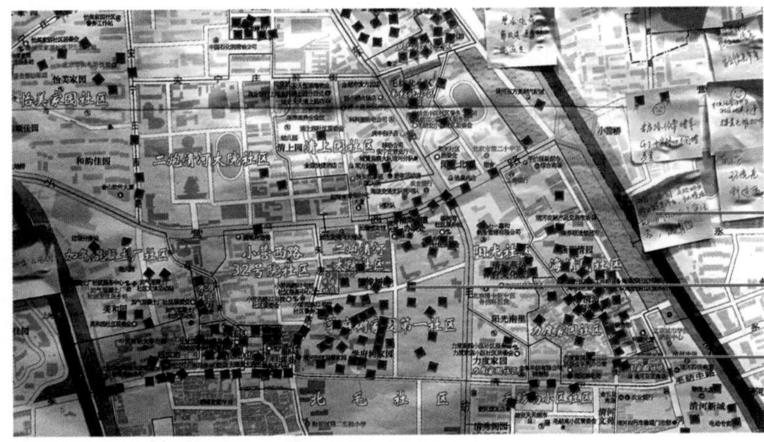

社区资产与问题地图

案例：邯郸百五小区老旧小区改造公众参与活动

项目地点

邯郸市复兴区百家街道钢三社区。

项目背景

百五小区建于20世纪末—21世纪初，是邯郸钢铁厂工人及家属集中居住区，占地面积约11万平方米，建筑面积13万平方米，总居住人口约8000人，多数为邯郸钢铁厂职工及家属，老年居民占比大。社区存在设施不足、管线老化、物业管理滞后、环境条件不佳等问题。

为助力复兴区老旧小区改造，清华大学建筑学院、清华同衡规划设计研究院、南京互助社区发展中心、成都社造家文化传播有限公司等团队共同组织公众参与系列活动，通过带领居民共绘社区地图，了解居民需求，聚焦主要问题，征集改造意愿，凝聚社区共识。

活动内容

提前发布活动预告，基于代表推荐、自愿报名的形式，广泛召集来自街道办事处、社区、设计单位、施工单位、物业管理公司的代表与专家参与。

将各类人群混合分为三组，分别对小区不同组团进行现场踏勘，每人在手持地图上记录代表性特色场所和问题场所，以及相关的特色、问题和改进建议。

返回室内活动场地，各组进行特色和问题的交流与汇总，结合地图、便利贴、手写清单等，形成所负责区域的社区资产地图与社区问题地图。

各组依次上台分别向大家展示成果，鼓励上台者均有发言机会，工作人员协助台下有序进行提问与讨论。

最终工作人员汇总形成社区总体资产与问题地图、清单。

地点编号 ________ 您的姓名 ________

您觉得有什么问题呢？

____
____
____
____
____
____
____

地点编号 ________ 您的姓名 ________

您有什么建议呢？

____
____
____
____
____
____
____

地点编号 ________ 您的姓名 ________

您比较喜欢哪里呢？

____
____
____
____
____
____
____

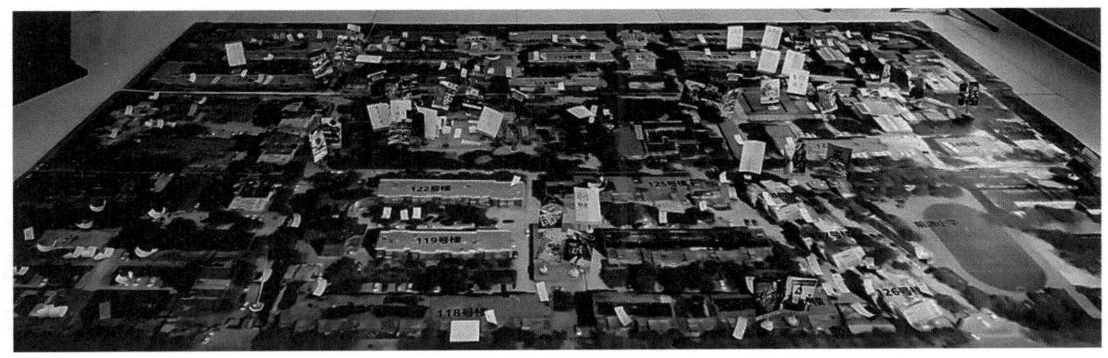

3.2 世界咖啡

世界咖啡（World Café）指针对既定的议题，通过多轮次的换桌对话，参与者真诚交流、反思问题、分享知识、找到新的行动契机。通过参与者在不同子议题间的轮换，让不同观点相互碰撞，激发出创新思维和方法，并在多轮次对话中推动议题讨论的不断深化。此工具尤其适用于讨论尚未有明确共识答案的议题。

工具特征

阶段分类

建立联系 认知现状 形成愿景

制订方案 实施运营

适用人数

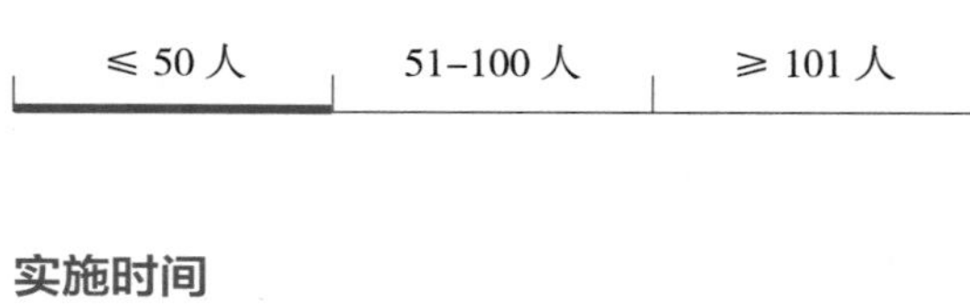

≤ 50 人 | 51–100 人 | ≥ 101 人

实施时间

≤ 0.5 天 | **1 天** | n 次 /n 天

组织难度

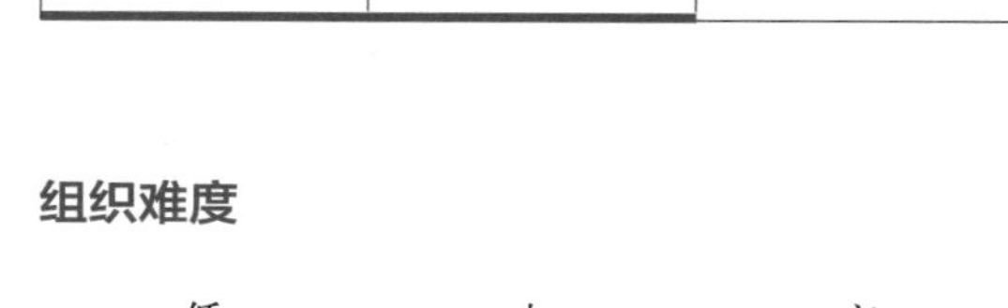

低 | **中** | 高

物料成本

低 | 中 | 高

场地与设备

（1）场地：室内空间，桌椅可移动布置，满足分组讨论的要求。

（2）设备：投影 / 显示屏或展示墙 / 板等。

目标与特点

（1）面对不确定问题，厘清议题，明晰框架，寻求共识。

（2）鼓励不同观点的碰撞与对话，促进换位思考与相互尊重。

温馨提示

（1）活动准备环节，工作人员应尽可能邀请不同身份特征的参与者。

（2）活动介绍环节，主持人宣布事先拟定的讨论规则（如注意礼貌、简洁陈述、敢讲真话、勤于思考、勇于质疑、不作评判等）。规则内容可根据活动目的和参与者情况灵活调整。

（3）活动介绍环节,讨论主题建议采用开放性、探索性的问题形式，如“我们希望开创什么样的未来”比“发展愿景”更能激发参与者的想象和创造性思维。

（4）对话讨论环节，组长的主要职责是维护发言秩序，并对不同轮次的讨论内容进行总结。

活动流程

1. 活动介绍，形成分组 15–30 分钟

主持人开场，介绍活动目的、形式、讨论主题和换组规则。参与者分组，每组 4–6 人，各组围桌而坐后，选出 1 名组长。通过组织破冰游戏让参与者相互认识。

2. 议题讨论（第一轮） 20–30 分钟

主持人介绍本轮次讨论议题，各组分别聚焦于某个子议题展开讨论。组长在大白纸上以思维导图的形式整理大家的核心观点，同时鼓励参与者将自己的核心观点或讨论中出现的重要想法、意见等记录在便利贴上，作为思维导图的补充说明。

3. 换桌讨论（第二轮或更多轮） 每轮 20–30 分钟

除组长外，其他参与者换桌讨论，将主要想法和问题带到新一轮的讨论中。可以继续上一轮次的讨论议题，也可以形成更深入的新议题。组长介绍前一轮次讨论的主要观点及问题，并鼓励新来的参与者将本轮次的新想法与之前轮次讨论的内容联系起来。组长在大白纸上以思维导图的形式整理核心观点，参与者也可以用便利贴写出核心观点后贴上。根据问题的复杂程度和讨论进展，可以进行第三轮或者更多轮次的讨论。

4. 观点连接 20–30 分钟

各组基本完成主要议题的讨论后，各参与者回到第一轮位置。组长总结本桌各轮次的讨论成果，参与者进行补充，共同分享发现和见解，可用思维导图进行整理。

5. 成果汇总 30–60 分钟

工作人员收集各组记录纸并张贴出来。各组组长上台分享小组成果，进行交流提问。参与者共同检视并讨论共同点与发现，形成讨论成果。最终不一定要形成结论，重要在于回顾对话与深入思考的过程。

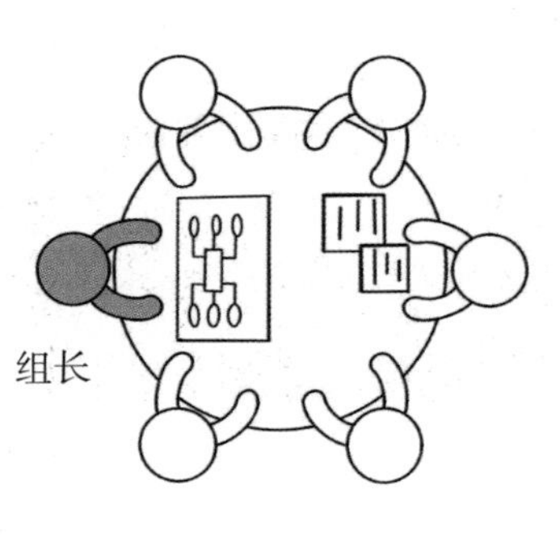

议题讨论（第一轮）

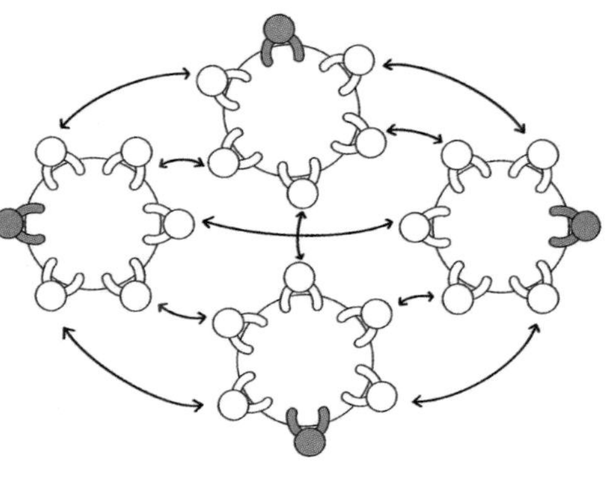
换桌讨论（第二轮或更多轮）

案例：成都“成华龙门阵——社区规划师制度研讨”工作坊

项目地点

成都市成华区保和街道和美社区。

项目背景

第二届清华“社区规划与社会治理”高端论坛暨成都·成华社区规划与发展论坛于 2019 年 7 月 18–19 日在成都市成华区举办。论坛由清华大学建筑学院、清华大学社会科学学院、中共成都市委城乡社区发展治理委员会、中共成都市成华区委、成都市成华区人民政府、中国城市规划学会住房与社区规划学术委员会共同主办，以“社区规划师制度实践探索”为主题，进行经验分享、跨界对话与深度研讨。

18 日下午，“成华龙门阵——社区规划师制度研讨”工作坊采用“世界咖啡”形式，近 70 位来自国内外社区规划相关领域的专家学者、政府部门工作人员、实务工作者等，围绕社区规划师角色定位、运行机制、保障制度和成华建议四个核心议题展开热烈而深入的研讨，形成多个具有价值的观点和建议。

活动内容

主持人介绍工作坊背景、目的与讨论规则，公布角色定位、运行机制、保障制度、成华建议四个讨论子议题。来自政府、企业、高校、规划设计机构、社会组织的近 70 名参与者被随机分为 10 组。

（1）破冰环节

以小组为单位，各参与者进行自我介绍，选出组长与记录员。组长带领小组成员从四个子议题中选择一个作为本组议题（在后续轮次中保持不变）。

（2）**第一轮对话：明确议题**

组长引导组员们发言，明确要讨论的议题边界、对象和内容。记录员在大白纸上梳理形成小组核心观点，组员根据需要在便利贴上写下具体想法作为补充。

（3）**第二轮对话：提出建议**

各组组长和记录员保持不动，组员换桌进行第二轮讨论。组长和新组员分享前一轮讨论的内容，引导组员继续围绕议题展开深入讨论，包括明晰问题、寻找瓶颈、提出改进建议等。记录员在大白纸上梳理形成小组核心观点。

（4）**第三轮对话：深化建议**

各组组长和记录员保持不动，组员换桌进行第三轮讨论（确保每人参与的三轮桌号均不相同）。组长总结前两轮的讨论成果，提出本轮讨论框架，引导组员继续深化讨论内容，记录员在大白纸上梳理形成小组核心观点。

（5）**成果展示与分享**

每组轮流上台向所有参与者分享融合了集体智慧的共创成果，围绕讨论议题，从角色定位（技能、构成、工作内容、长效机制）、运行机制（问题、难点、机制再造）、保障制度（资金、队伍、政策、激励）、成华建议（定位、制度、细则、团队）等方面，形成丰富且深入的讨论成果。

工作团队总结并梳理工作坊成果，在第二天的大会论坛上进行分享，并形成政策建议，提交给地方政府相关部门。

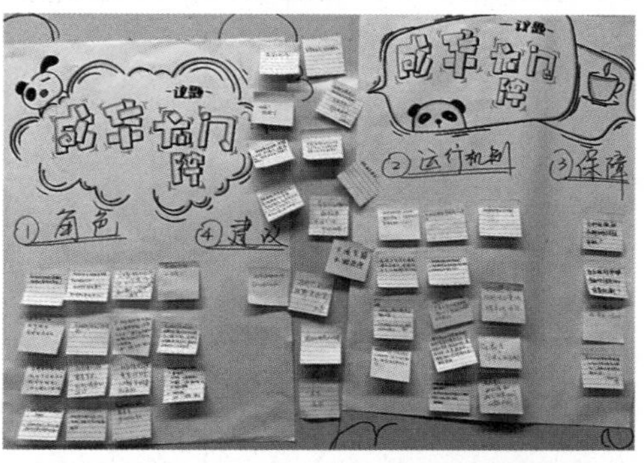

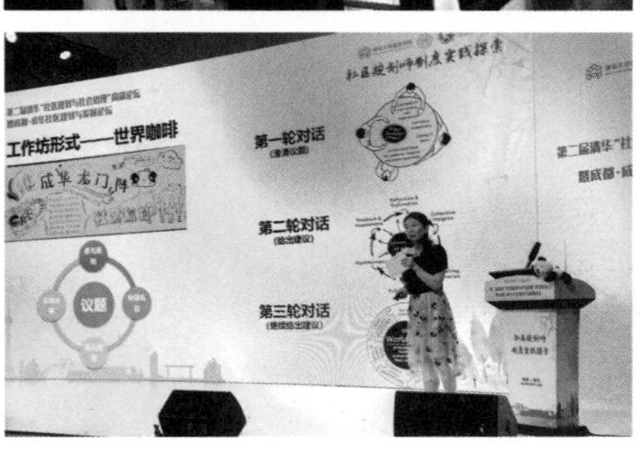

3.3 开放空间

开放空间（Open Space）指一种讨论议题、讨论形式都更为开放、自由与动态的会议模式，适用于讨论议题、问题及解决方案都不甚明晰，却又亟待解决的情境。通过创造自由讨论的平台，不同背景的参与者可以勇敢地提出看法，敞开心门倾听他人想法，基于持续的交流和碰撞，将讨论议题、问题逐步明晰深化，汇集集体智慧，获得解决问题的多种提案，并通过激发参与者自我组织的动力，将行动想法付诸实践。

工具特征

阶段分类

建立联系 | 认知现状 | 形成愿景

制订方案 | 实施运营

适用人数

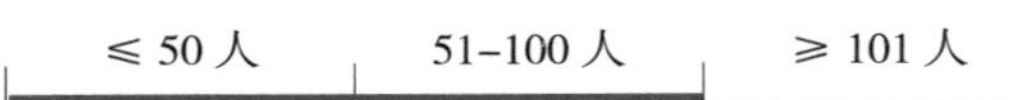

≤ 50 人 | 51–100 人 | ≥ 101 人

实施时间

≤ 0.5 天 | 1 天 | n 次 /n 天

组织难度

低 | 中 | 高

物料成本

低 | 中 | 高

四项原则

- ■ 在场的人就是适合的人
- ■ 凡是发生的都是有原因的
- ■ 只要开始了，时机就到了
- ■ 过去了的就让它过去吧

场地与设备

（1）场地：室内空间 / 室外开敞空间，可移动桌椅，可支持书写的桌面、白板或墙面，空间足够大，满足人员走动的要求。

（2）设备：投影 / 显示屏或展示墙 / 板等

目标与特点

（1）面对复杂且具有潜在冲突的议题，探讨创造性解决方案，寻求共识。

（2）鼓励多元背景的人群表达不同观点，通过沟通、互动、合作、创新探索，激发创新方法，提升表达能力和创造力、组织力。

温馨提示

（1）尽量保证参与者的代表性与全面性，避免参与者都具有高度相似的身份背景。

（2）若参与人数较多，宜分为若干小组。鼓励对同一议题感兴趣的人组成一组，展开讨论。

（3）参与者适用“双脚法则”，即当在某议题上没有收获或分享时，就可以挪动自己的双脚，转换到另一个议题。自由流动可以让参与者的生产力更高。

活动流程

1. 开场与主题发布　　15–30 分钟

主持人介绍活动流程和规则，并清晰说明讨论主题（主题提前根据预期参与者关注的议题而确定）。通过组织破冰游戏让参与者相互认识。

2. 提出分议题　　10–20 分钟（每人 1–3 分钟）

每个参与者在讨论主题范围内思考并提出自己感兴趣的议题（自愿进行），并向全体参与者介绍自己的题目，吸引其他人加入这一讨论，并将其写下来张贴在“公告栏”（预先布置的空墙或粘贴布），形成讨论议题的“集市”。有些相同或类似的题目在征得发起人的意见后可以选择合并或不合并。所有参与者自由选择感兴趣的话题参与讨论，可以在不同小组间贡献想法（作为“蜜蜂”），也可以什么都不做，只是轻松悠闲地流连在会场（作为“蝴蝶”）。

3. 小组讨论　　每轮 30 分钟

主持人介绍分组讨论的任务、流程和方法。参与者按照感兴趣的议题分成不同小组，各组议题的发起人介绍议题发起的初衷、困惑、现状和解决办法等。每个小组选出各自的主持人、记录员、汇报人和时间控制员，进行组内讨论。

根据议题数量可以进行多轮小组讨论。

4. 小组讨论结果分享　　每组 3–5 分钟

小组讨论结束后，每个小组向所有参与者分享小组讨论结果。如果时间不够，也可将所有讨论结果收集并公布在“公告栏”，请所有参与者浏览、阅读。

5. 达成共识　　10–20 分钟

通过投票的方式，参与者在所有的讨论议题中选择自己认为最重要、最紧急且愿意为之贡献的话题。工作人员统计投票，并公布投票结果，确定会后要跟进行动的重点议题。

6. 制订行动计划　　20–30 分钟

只讨论不行动是不能真正解决问题的，因此制订行动计划很有必要。针对得票较多的议题或想法，参与者根据自己的兴趣重新组成小组，讨论和制订行动计划，并参照之前小组讨论的方法进行讨论和结果分享，确定后续行动的小组联络人和第一步行动。

实际操作中，如果时间受限制，主办方可在工作坊结束后，协助小组联络人组织相关方围绕重点议题制订行动计划。

7. 会议结束　　5 分钟

主持人宣布工作坊结束，说明之后的跟进行动，感谢全体参与者作出的努力和贡献。

案例：北京“畅想国子监”开放空间交流会 *

项目地点

北京市东城区第一图书馆。

项目背景

国子监地区是北京著名的历史文化街区，清华同衡规划设计研究院承接了该地区的街区更新项目，目标既包括保护历史文化，又要解决胡同内居民的民生需求和问题，激发街区发展活力。在正式开始更新项目设计前，项目实施方与北京市东城区社区参与行动服务中心共同组织了一次开放空间会议，邀请各相关方参与展望国子监街区的未来发展愿景。参与者在开放、自由的氛围下畅谈对于街区改造和未来发展的设想，通过小组讨论的形式进行交流，并投票选出街区更新过程中最希望开展的行动。

根据会上达成的共识，项目实施方在后续工作中组织了一系列的公众参与活动，进一步深化推进问题探讨，并寻求解决方案。

活动内容

（1）会议邀请

提前发布会议邀请函，邀请街道办事处、社区居委会、社会组织的工作人员，以及胡同居民、文保专家、规划师、设计师等参与。

（2）开场与热身

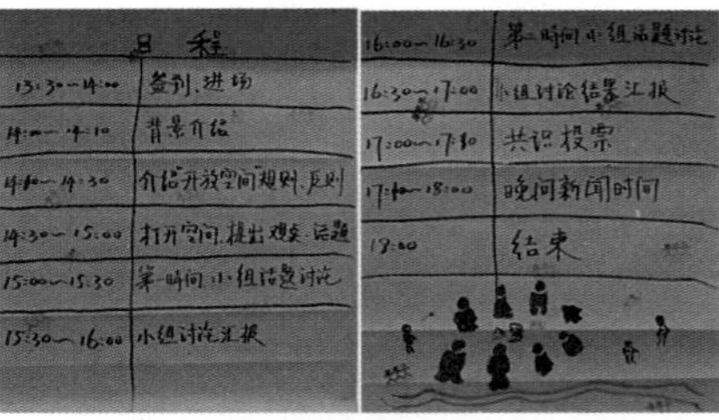

主办方开场介绍活动背景和参与人员后，主持人介绍会议流程和会议方法，让参与者清晰了解到，关于国子监改造这个议题，当天的日程和结果将全部由参与者共同创造。主持人通过开放空间这种会议方法协助大家进行自由、开放的讨论。

由于参会人员比较多元，互相不熟悉，在正式讨论之前，组织参与者进行关于参会原因以及对于会议的期待等的简单交流，作为热身活动。

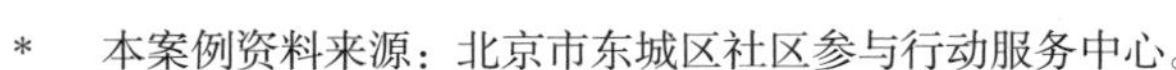

* 本案例资料来源：北京市东城区社区参与行动服务中心。

（3）**提出并发布议题**

主持人介绍讨论主题后，参与者走到会场中间，写下自己想讨论的分议题，进而作为分议题发起人发布自己的分议题和姓名。

参与者将自己发起的议题张贴到固定区域并选择标号顺序，其他参与者选择自己感兴趣的分议题，并在议题对应区域写下自己的名字。

活动中共提出 19 个分议题。其中，12 个选择在第一时段讨论，7 个在第二时段讨论。

（4）**小组讨论**

主持人介绍讨论规则和方法后，分议题发起人召集其他感兴趣的参与者开始进行分议题小组讨论。其他参与者根据自己在第一时段和第二时段选择的分议题加入小组讨论。

（5）**达成共识**

小组讨论结束后，工作人员收集各小组讨论的结果并展示，请参与者在听取各小组的结果分享后，对自己认为最重要的话题进行投票。

根据投票结果，得票数最高的议题是“经常组织这样的交流活动”。主办方在会后跟进开展行动，在实施国子监街区更新项目过程中面向不同利益相关方组织了多次对话协商会。

3.4 “玻璃鱼缸”式讨论

“玻璃鱼缸”式讨论（Fishbowl Discussion）指参与者中的一部分围成圈子，以圆桌会议的形式对议题进行讨论，其他参与者作为观众在周围旁听。只有进入圈子的人可以发言，圈外人和圈内人之间可进行轮换。外围参与者围观圈子内的讨论就像观察玻璃鱼缸内的活动，因此得名。

与之类似的还有“萨摩亚圈”（Samoan Circles）。此类工具有利于提升参与度、促进对议题的深入理解，尤其适用于参与人数众多、围绕争议性问题的协商谈判。

工具特征

阶段分类

建立联系 认知现状 形成愿景
制订方案 实施运营

适用人数

≤ 50 人	51–100 人	≥ 101 人

实施时间

≤ 0.5 天	1 天	n 次 /n 天

组织难度

低	中	高

物料成本

低	中	高

场地与设备

场地：室内空间，桌椅可移动布置。

目标与特点

（1）通过为参与者提供可直接参与讨论（圈内）或旁听讨论（外围）等形式，有效控制每一轮直接参与讨论的人数，特别面向人数较多的情况，能实现比较高效的讨论。

（2）通过直接讨论与旁听讨论的角色轮换，使旁听者能清晰了解自己的意见是否得到了表达，并在充分了解讨论进展的基础上参与下一轮讨论，确保讨论议题的有效深化。

（3）促进参与者通过表达、观察和倾听，了解不同的视角和观点，增进相互理解。通过制订圈子内、外差异性的发言规则，有助于避免习惯性防卫心理带来的潜在冲突，营造更加包容的讨论氛围。

温馨提示

（1）适用于开放的、有争议的、可辩论的议题。

（2）通常需要一名具有丰富专业经验的主持人组织讨论流程，维持讨论秩序。主持人可参与讨论，也可只是旁观。

（3）可采用角色扮演的形式，为讨论参与者指定重要的或关键性的代言角色，使讨论议题更加聚焦，并为某些特殊或弱势群体提供意见表达的途径。

活动流程

1. 活动准备 10 分钟

在场地中以围合的形式布置一圈座椅。以自愿报名或根据其身份特征指定的方式，选出若干名参与者（通常为 6–8 人）进入“圈子”，向心而坐，直接参与讨论。旁听者在讨论圈外围就座或站立。

2. 活动介绍 10–20 分钟

主持人介绍活动目的、讨论的主要议题、活动流程以及发言规则，应特别强调外围的旁听者可以观察和倾听讨论，但不可大声交谈或做出嘘声、鼓掌等干扰行为。

3. 议题讨论 每轮 20–40 分钟

圈内的讨论者先轮流进行观点的简短陈述，再基于现场设置的讨论规则进行两两对话。一轮讨论结束后，参与者之间进行角色转换，从外围旁听者中选出一组新人进入圈子，开启下一轮讨论，原先圈内的参与者转到外围进行倾听和观察。

4. 形成结论 30 分钟

工作人员记录、汇总并梳理讨论中产生的观点，以及达成的协议、共识或结果。现场将总结梳理出的关键词、重要结论向全体参与者展示。形成成果总结，为后续的决策制订提供参考。

5. “萨摩亚圈”的特殊做法

在“玻璃鱼缸”式讨论的变体——“萨摩亚圈”的做法中，在“圈子”中可放置 2–4 个开放座椅，在讨论过程中，外围旁听者如果想要加入讨论，可向主持人提出申请，获得批准后前往开放座椅进行发言，发言结束后回到外围。

场地布置

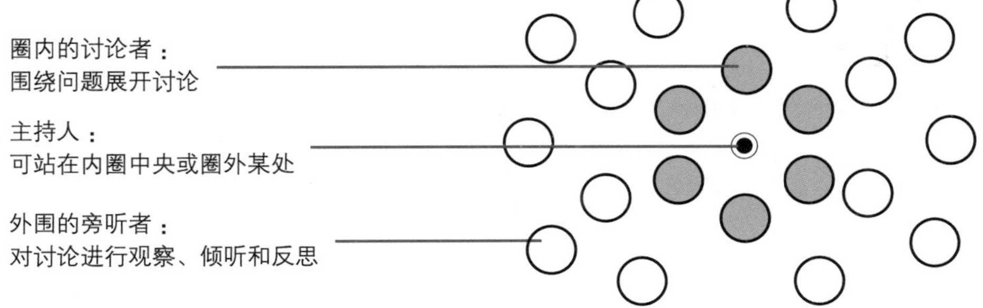

案例：波尔多 URBACT 城市实验室 #4*

项目地点

法国波尔多市（Bordeaux）。

项目背景

URBACT 是欧盟支持下关于可持续发展的城市间交流与合作项目。2020 年 1 月，URBACT 与 EUROCITIES 合作，共同组织了一系列城市实验室活动，围绕《莱比锡宪章》（*Leipzig Chapter*）的相关议题展开研讨。其中，“城市实验室 #4”活动于 1 月 29—30 日在法国波尔多市举行，以不同空间尺度与层级间的平衡发展为主题，邀请专家学者、城市领域实践者、城市管理者等多元群体，通过“玻璃鱼缸”式讨论，探讨了从邻里到大都市地区，不同尺度与层级的城市地区分别面临的挑战和问题，以及相应的干预对策。

活动内容

在场地中央放置 8 把椅子，并围成一圈，外围环绕布置其他座椅。

工作人员发放活动背景资料，主持人介绍议题与讨论规则。以自愿报名的方式选出参与者进入圈子，参与讨论。其他参与者围坐在周围旁听。

圈子里的参与者围绕核心议题“面向可持续发展的目标，哪个层级的干预措施能获得更有效的成果”展开讨论。首先由每位参与者进行简短的观点陈述，分成邻里、小城市和大都市区三个层级的支持者，每个观点方分别派出代表发言，进行一对一的辩论。外围的旁听者观察、倾听，并记录感兴趣的内容。

圈子里所有参与者发言完毕后，第一轮讨论结束。换一组参与者进入圈子，继续进行讨论。后续轮次的议题逐步深化，包括哪些挑战在哪个层级上能得到更好的解决，决策是如何作出的、由谁作出，以及如何鼓励纵向和横向合作等。

讨论结束后，主持人汇总讨论的主要结论，向所有参与者进行总结汇报。

在“玻璃鱼缸”式讨论后的第二天，参与者被分成三个平行讨论组，每组聚焦不同的空间层级——邻里、小城市和大都市区，围绕可持续城市政策面临的挑战和应对措施等议题继续展开深入讨论。

最终形成的结论收录于 URBACT 成果报告中。

---

* 本案例资料根据 https://urbact.eu/city-lab-4-balanced-territorial-development 翻译整理。

3.5 学习圈

学习圈（study circle）指通过较为简单的小组讨论形式，参与者在数周或数月内定期会面，将综合性议题分成若干子议题，经过多次讨论，逐步深入探讨议题，以民主和协作的方式解决关键的公共问题。适用于参与人数较多的情况，通过多轮讨论，为每位参与者提供更多参与交流的机会，并有助于议题得到深度探讨。

这种方法源于 19 世纪的美国，后在北欧迅速发展成为重要的自由式成人教育理念，强调以小团体的对话和讨论为方法，在分享中学习。

工具特征

阶段分类

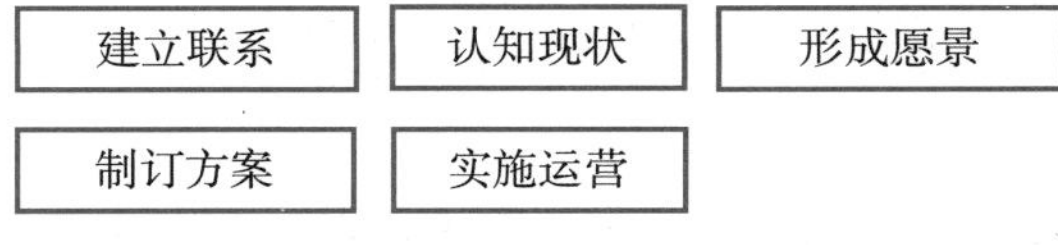

适用人数

≤ 50 人	51–100 人	≥ 101 人

实施时间

≤ 0.5 天	1 天	n 次 /n 天

组织难度

低	中	高

物料成本

低	中	高

场地与设备

（1）场地：室内空间，桌椅可移动布置，满足分组讨论的要求。

（2）设备：投影 / 显示屏或展示墙 / 板等。

目标与特点

（1）围绕特定议题，通过较长时期、多频次、逐步深入的讨论，达成共识和解决方案。

（2）激发和引导参与者关注社区公共议题，发现和挖掘社区资源。

温馨提示

（1）在破冰暖身环节，主持人宣布活动规则，包括欢迎来自不同背景和观点的对话，对话内容不宜针对任一群体等，并鼓励参与者将个人故事和经历加入讨论。

（2）在议题讨论环节，引导者首先帮助参与者简要回顾之前所有轮次的讨论成果。在讨论过程中，引导者的作用不是充当专家，而是聚焦讨论议题，帮助参与者充分考虑不同观点，并处理困难问题。

活动流程

1. 活动准备 1–2 周

工作人员拟定活动讨论议题（如关于社区特定空间场所改造、某类特殊群体的生活改善、社区发展设想等），发布信息，招募讨论引导者，并邀请当地学校、社会组织等机构的专业人士对其进行培训。引导者将在讨论中发挥重要的桥梁作用，帮助参与者倾听、参与建设性对话，以及引导不同背景参与者相互沟通。最后，向社区居民发布活动通知。

2. 破冰暖身 15–30 分钟

主持人开场，介绍活动目的、活动议题（包含多个子议题）和讨论规则。参与者选择自己感兴趣的子议题，组成讨论小组（每组 8–12 人左右），分别围桌而坐，各组配置一名引导者。

3. 议题讨论 每次 0.5–1 天

各组围绕主要议题进行讨论，包括发现问题、提出愿景、制订计划等。引导者引导参与者尽量从个人视角转向社区视角，更广泛地看待议题。

在数周或数月内定期组织讨论，两次讨论活动之间的间隔时间不宜太长，以 1–2 周为宜，确保讨论的连贯性。

随着讨论议题的深入，后续讨论中可根据需要形成新的子议题，产生新的小组。

根据讨论进展，过程中可组织单独面向引导者的交流会，培训专家对引导者在讨论活动组织过程中遇到的问题、挑战进行答疑和交流。

4. 达成共识

经过多次讨论，参与者达成共识。形成讨论成果报告，并举行社区活动，公开展示讨论成果。

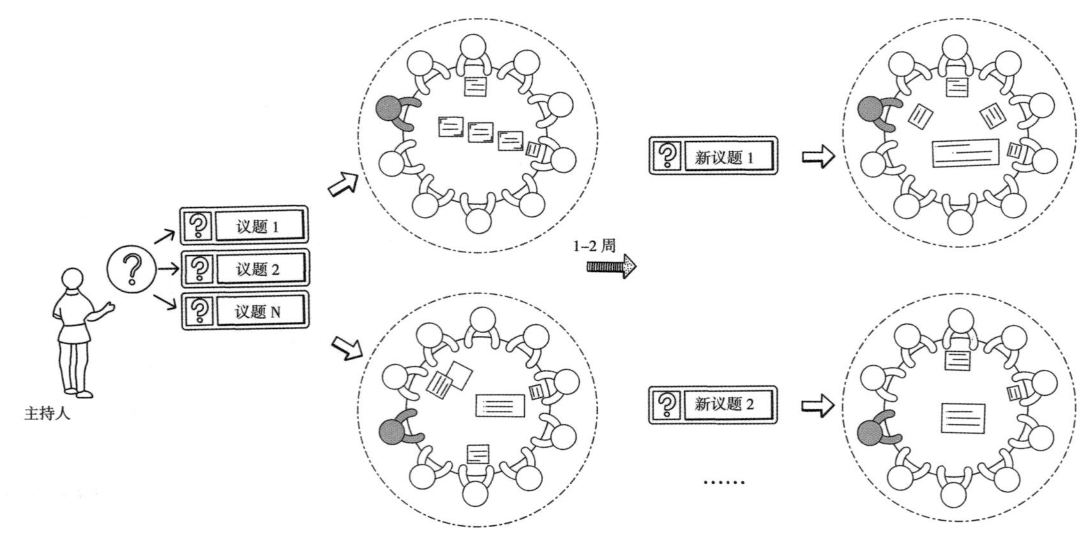

案例：堪萨斯 KCK 学习圈 *

项目地点

美国堪萨斯市（Kansas）。

项目背景

堪萨斯是个多民族的城市，其学区发展一度面临许多问题，包括家长参与度低，学生考试成绩远低于全国平均水平，近年来迅速增加的许多移民家庭难以在学业和文化上及时转换并适应城市的学校系统等。城市东北部地区居民尤其面临低收入和高失业率等问题，这意味着这些家长很少参与公立学校教育。

1999 年，几位倡议者发起 KCK 学习圈活动，邀请当地家长参与，通过学习圈的形式，帮助家长了解如何协助孩子取得成功，以及围绕学校改革制订自己的目标、判断与议程。

活动内容

首先，发起人打印并发布公告，广泛邀请有兴趣的家长参与。在社区中心等地一共举行了三场学习圈讨论，以组为单位进行深度交流（每组 8–12 人）。前两场讨论中，并未邀请学校行政人员和市议会成员参加，以免影响参与者自由地表达想法。

在第一场学习圈讨论中，家长们分享自身在学校的经历。

第二场讨论中，家长们提出各种针对学校的改善想法，说出自己的观点、价值观和关注点，并在工作人员引导下，权衡、比较这些潜在的解决方案的优缺点。

在最后的第三场讨论中，参与者们组织举办“行动论坛”，并邀请学校行政人员和市议会成员等参加。各组派一名代表上台分享前两轮学习圈讨论的主要观点及结论，所有参与者自由交流、讨论，并与受邀参加的学校行政人员和市议会成员等进行想法碰撞，达成共识。工作人员协助记录最终的具体解决方案。

---

* 本案例资料根据 https://participedia.net/method/188；LEIGHNINGER M. Is everything up to date in Kansas city? Why “citizen involvement” may soon be obsolete[J]. National Civic Review，2010，96（2）：12–27. 翻译整理。

3.6 愿景工作坊

愿景工作坊（Visioning Workshop）指围绕社区未来发展愿景，召集各利益相关者，以工作坊的形式进行交流与讨论，形成关于社区未来发展的目标共识和行动计划。

根据任务的不同，愿景的范畴可以多种多样，如面向社区特定问题或综合领域、空间性或社会性议题、短期目标或长期目标等。

工具特征

阶段分类

建立联系　认知现状　**形成愿景**　**制订方案**　实施运营

适用人数

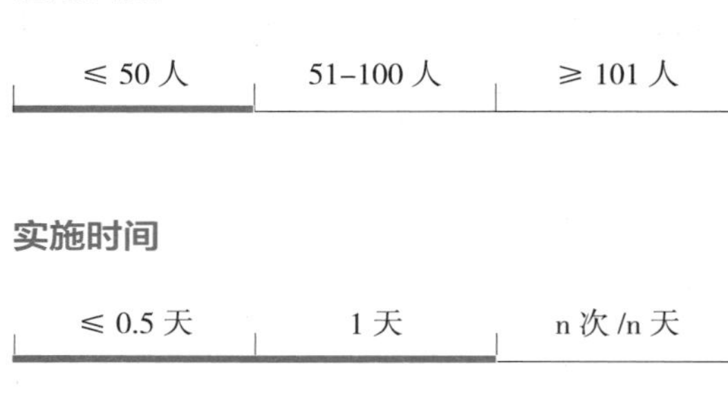

组织难度

低　**中**　高

物料成本

低　中　高

场地与设备

（1）场地：室内空间，桌椅可移动布置，满足分组讨论的要求。

（2）设备：投影 / 显示屏或展示墙 / 板等。

目标与特点

（1）引发社区成员对所生活社区的关注和思考，并形成对社区未来的期望。

（2）增进参与者相互理解各自的立场与需求，推动专业人员了解社区内不同群体的需求与对理想社区的认识。

（3）促进社区不同群体围绕社区发展预期达成一定的共识。

温馨提示

（1）具有丰富专业经验的主持人对工作坊的顺利进行至关重要。主持人应参与工作坊的前期策划工作，在工作坊的进行过程中，全程保持中立的态度，维护开放、包容的交流氛围。

（2）如遇到较复杂的问题，可以组织多场工作坊，围绕分解后的问题分别聚焦讨论。

（3）在时间和条件允许的情况下，建议围绕共识愿景进一步讨论并形成初步的行动方案，作为后续社区规划策略制订的支撑。

活动流程

1. 活动介绍 15–30 分钟

主持人开场，介绍活动目的和流程安排。活动分组，每组宜为 4–6 人，各组围桌而坐后，每组配备辅助的工作人员 1–2 名。通过组织破冰游戏让参与者相互认识。

2. 小组讨论 40–60 分钟

以组为单位，参与者结合愿景主题，思考社区关键议题，形成个人观点，通过语言、文字、图表等形式进行表达和交流。通过组内的头脑风暴和对话交流，逐步形成共识性意见或保留不同观点。最终，汇总形成主要议题并按重要性进行排序，以简洁的图文形式呈现。

3. 交流展示 每组 5–10 分钟

以组为单位，分别向所有参与群体介绍小组讨论成果，所有人可围绕其发言内容进行提问或交流。

4. 愿景整合 20–30 分钟

主持人汇总并梳理各组愿景和交流意见，引导参与者进一步讨论并达成最终愿景共识。可根据问题复杂程度，多次重复小组讨论与组间交流的过程。

5. 计划制订 30 分钟

围绕愿景，主持人引导参与者进行讨论，制订实现愿景的行动计划。

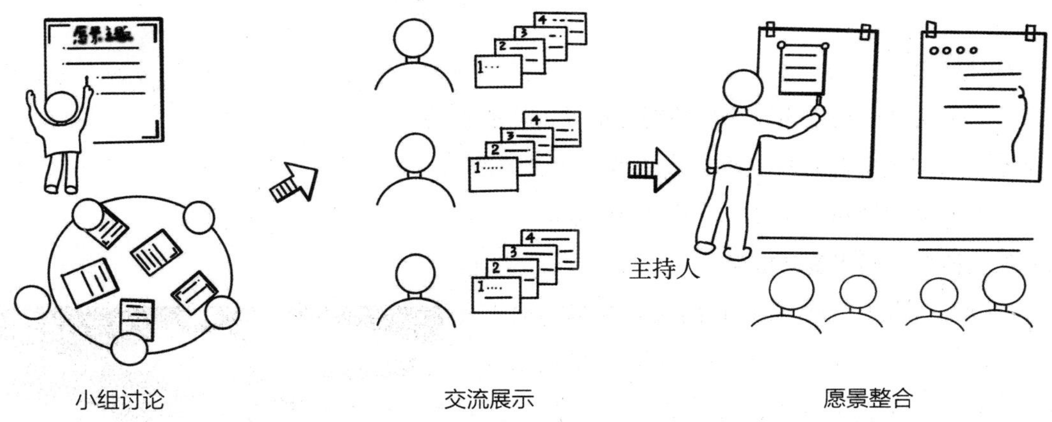

案例：成都麓湖“共建美丽红石公园”共创工作坊 *

项目地点

成都市天府新区麓湖生态城。

项目背景

麓湖生态城的规划与建设始于 2007 年。项目总用地面积 8300 亩，是一座集居住、产业与休闲娱乐配套为一体的国际化新城。红石公园是麓湖重要的公共空间之一，随着地铁线路的开通，大量游客涌入，给公园的管理带来了挑战。

为打开多方平等参与、有效沟通的空间，寻求红石公园参与式管理发展的共识，2018 年，麓湖生态城举办了“共建美丽红石公园下午茶”活动，以共创工作坊的形式，组织设计与管理团队、政府部门、业主、社区管理者、生态社区发展领域专家 60 余人参与讨论，鼓励参与者发表意见，围绕公园的未来发展目标达成共识，并制订行动计划。

活动内容

提前发布活动信息，召集业主、开发商、红石公园建设与管理团队、相关政府部门、生态社区发展领域的专家、外来游客代表等参与。

对参与人群进行分组。现场讨论、制订会场规则、讨论规则。

在主持人的引导下，每位参与者对红石公园目前存在的问题发表意见，并把提出的想法记录在彩色卡片上。参与者围绕红石公园的建设目标提出了上百个观点。

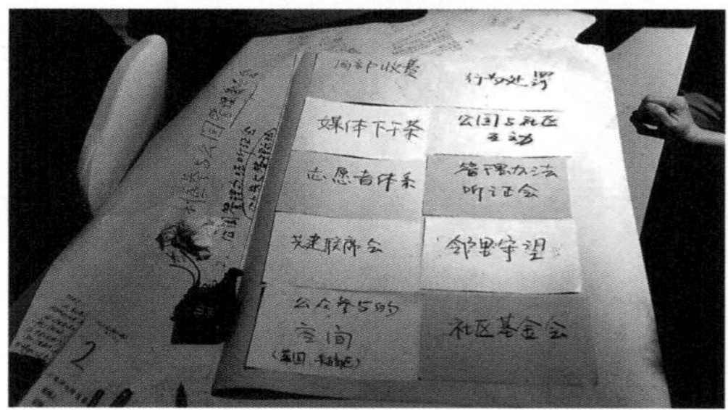

* 本案例资料根据 https://mp.weixin.qq.com/s/e5rqUZSXF-PyPRvKRlhseA 整理。

参与者就提出的观点进行协商与整合，在六大主要愿景上达成共识，包括社区参与、志愿者发展系统、治理主体、运营机制、管理规则和潜在影响。

开发商团队代表从解决方案、管理挑战、社区参与等方面作出回应。

最后，针对工作坊中提出的问题与建议，各方讨论、制订了更为明确的行动计划，包括推动成立麓湖社区基金会、发展志愿者体系、优化公园管理机制、共同制订养狗公约、开辟共创菜园等。

3.7 参与式设计工作坊

参与式设计工作坊（Participatory Design Workshop）指围绕社区公共的空间场所的建设与提升，激发社区多元的参与者通过合作设计，共同寻找社区特征，明确问题，提出设计方案，并为未来发展制订清晰、详细以及可实现的愿景。

工具特征

阶段分类

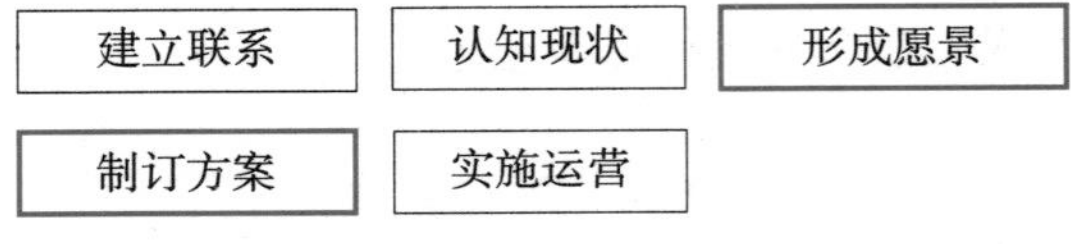

适用人数

≤ 50 人 | 51–100 人 | ≥ 101 人

实施时间

≤ 0.5 天 | 1 天 | n 次 /n 天

组织难度

低 | 中 | 高

物料成本

低 | 中 | 高

场地与设备

（1）场地：室内空间，桌椅可移动布置，满足分组讨论的要求。

（2）设备：投影 / 显示屏或展示墙 / 板等。

目标与特点

（1）通过多方参与的交流与协作，生成关于社区整体空间规划或特定公共空间设计的方案或愿景。

（2）围绕社区公共空间的场所设计和品质提升，聚焦公共议题，增强参与者的公共意识。

（3）借助图纸、卡片、实体或虚拟模型等形象化工具，推动参与者对社区场所有更系统、深入的认识，增进场所感和认同感。

温馨提示

（1）工作人员应提前对社区场所整体情况和重要节点、问题进行系统梳理，准备好基础图纸、场地照片、模型底盘等设计支持工具，同时预留设计提升的操作空间。

（2）可通过组织多次工作坊，融入设计教育的内容，逐步向参与者普及设计相关知识、理念、手法，推动成果的逐步深化。

（3）最重要的成果不是最后的设计方案，而是增进各方对社区场所的想象、共识和相互理解。

活动流程

1. 活动介绍 **15–30 分钟**

主持人开场，介绍活动目的和流程安排。活动分组，每组宜为 4–6 人，分组围桌而坐，每组配备辅助的工作人员 1–2 名，其中至少 1 人有设计专业背景。通过组织破冰游戏让参与者相互认识。

2. 社区调研 **40–60 分钟**

组织参与者对社区场地进行调研，每组宜至少 1 名工作人员随行协助。在调研的过程中寻找特色、发现问题，用地图和便利贴随时记录相关信息，并进行影像记录。

3. 初步方案形成 **60 分钟**

以组为单位，将分别记录的信息进行整理与总结。参与者分享和交流观点，初步形成共识的设计方案。各组分别向所有参与群体介绍初步方案，所有人可围绕其发言内容进行提问和交流。

4. 方案深化 **30 分钟**

参考初步交流结果，各组在工作人员的引导和设计支持下，进一步深化设计方案，制作设计图纸或模型等。

5. 方案交流 **每组 5–10 分钟**

以组为单位，向所有参与群体分享设计方案，所有人都可进行提问和交流。

6. 成果汇总 **30 分钟**

工作团队协助汇总、整合方案与建议，引导参与者进一步讨论并形成最终设计方案。可根据方案的复杂程度，多次重复小组讨论与组间交流的过程。

方案讨论　　方案交流　　成果汇总

案例：竹园睦邻中心参与式设计工作坊

项目地点

上海市浦东新区潍坊新村街道竹园睦邻中心。

项目背景

潍坊新村街道地处陆家嘴金融贸易区，常住人口近 10 万人，是一个综合商业与服务业态相对成熟的社区。竹园睦邻中心作为街道提供社区服务与开展社区文化建设的重要阵地，已服务近 20 年，面临环境设施老旧、空间利用率不高、服务功能有限等问题，亟待改造提升。

为了让改造后的空间能最大限度地满足各方需求，不仅成为更多本地居民公共活动的舞台，而且成为公众关心社区发展、参与社区共治的重要载体。2018 年，大鱼营造团队受街道委托，采用参与式设计工作坊的形式来推动睦邻中心的空间再生。

活动内容

活动邀请了来自社区两委（社区共产党支部委员会、社区居民委员会）、居民、运营 / 物业机构、设计机构四方的代表，结成共创小组，参与到改造项目的前期策划和设计过程中。一共连续开展了三场参与式设计工作坊和一次开放日活动。以空间改造项目为载体，围绕社区公共空间的主要矛盾与议题，吸引相关各方不断共享信息、开放讨论、凝聚共识、有效推进，不但为后续设计改造工作提供了较为全面、可行的需求与任务清单，更为居民参与社区共治奠定了良好基础。

（1）第一次：“凝聚共同愿景”工作坊

初次进入社区，工作坊以与社区相关方建立共创小组、初识社区、凝聚愿景为目标，邀请来自社区两委、居民、运营 / 物业机构与设计机构的代表共 28 人，共同走访竹园社区，再以工作坊的方式对睦邻中心及周边环境进行意象地图的标识与绘制，发现问题，凝聚共识。

（2）**第二次：“参与式调研”开放日**

在睦邻中心旁的广场上举办“参与式调研”开放日活动，将成果信息面向更广泛的市民进行分享，并扩大征询范围。活动制作了12张不同主题和内容的展板，对初次工作坊和初步设计成果进行宣讲和公示，并组织互动插旗游戏（将可能发生的活动场景与功能道具制成卡牌插旗，引导居民插在KT板底盘上并写下理由），扩大收集了百余份数据，补充了更多的视角和意见，也增强了居民对计划执行的信任度，初步实现了由提出问题和愿景到聚焦问题进行更深入讨论的目的。

（3）**第三次：“公共空间参与式设计”工作坊**

根据前两次调研成果完成基本的概念设计方案，梳理出需要聚焦讨论与开展参与式设计的三大关键议题：促进社区共融的多功能空间、和谐氛围的广场营造、停车与健身功能协调的社区新场域。在第三次工作坊中，围绕上述议题，参与者共同勾画新中心未来的空间与功能，并利用多种道具形成共同提案。

工作坊采用了1∶50的建筑空间白模，以及桌、椅、书柜等示意性家具模型，供参与者自由摆放以推敲场景方案。此外，通过角色扮演的游戏环节，提供角色卡、场景卡、道具卡等工具，让参与者换位思考，纳入更多元的社区角色的需求，帮助参与者扩充对于空间可能性的想象。

（4）**第四次：“探讨持续运营”工作坊**

睦邻中心完成改造工程并试运营两个月后，举办了第四次工作坊。以互动展板和小规模工作坊的形式，展开使用后评估和互动式调研。请居民用不同颜色的点和便利贴标记各空间的使用情况和满意度，并征集关于空间利用、管理运营和设备设施等方面进一步优化的建议。

4 小工具类

总体介绍

小工具类的工具常常搭配特定主题的工作坊、活动进行使用，它们大多有实体的工具包，或者比较成型的模板，功能也多种多样，包括分析问题、辅助调研访谈、支持参与者讨论等。

本书中列举的小工具只是在国内外社区规划场景中常用的部分代表，读者可以根据实际情况选择使用。在对各类工具应用比较熟悉的情况下，可以将工具进行灵活变化，甚至在实践过程中创造出适合所在地方土壤的新工具。

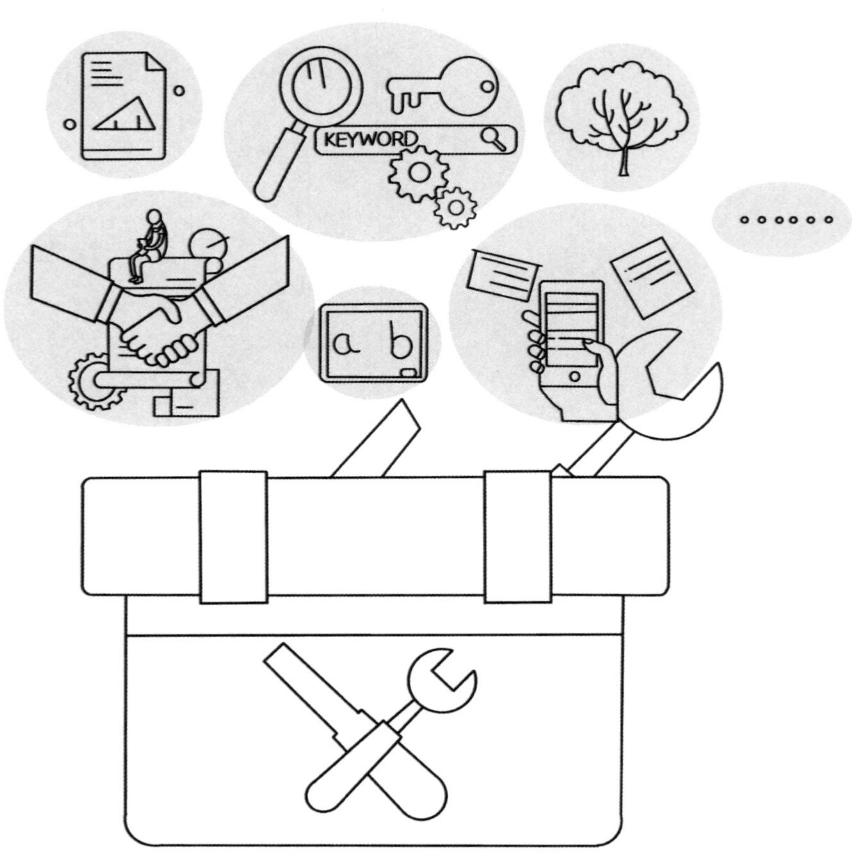

4.1 与社区握手的小事

与社区握手的小事（Connecting with Our Community）指包含多条与社区相关的暖心小事任务清单的工具包，鼓励参与者在一定时间内通过独立完成或团队协作，帮助组织或个人与社区建立更紧密的联系。

工具特征

阶段分类

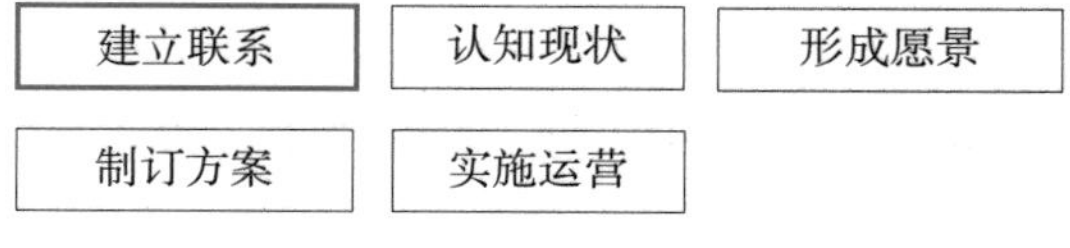

适用人数

≤ 50 人 | 51–100 人 | ≥ 101 人

实施时间

≤ 0.5 天 | 1 天 | n 次 /n 天

组织难度

低 | 中 | 高

物料成本

低 | 中 | 高

目标与特点

（1）促进社区居民、组织更好地认识社区，了解社区，参与社区。

（2）可以在社区生活日常场景中应用，低门槛，容易实践。

温馨提示

（1）对首次使用的社区来说，宜根据实际情况，选择从难度较低、容易在社区实践的小事开始。

（2）小事包的内容以轻松有趣、容易参与的小行动为主，可以按由简到难、由独自行动到团队行动、由线上到线下、由个体到公共、由短期到长期等方式划分等级。

（3）好的打卡形式和奖励机制有助于活动顺利进行。打卡方式可以灵活多变，可以是直接在微信群里分享，也可以借用打卡小程序或社群 App 来完成，最传统的集邮盖章也不失为一种巧妙的形式。

（4）活动结束后，应及时整理参与者打卡内容，并充分用好这些素材，使之能持续激发参与者热情，同时拉近社区成员之间的关系。其形式可以是一篇图文记录、一段视频回顾或一个社区展览，必要的“颁奖”也是对参与者行动的认可。

工具形式

小事包：依据社区的不同人群及不同场景，包含多个版本的社区小事包，以及线上的共享小事库，可供发起者作定制化的选择。

物料包：包含海报设计、公众号推文素材、小事卡，以及参与过程中会使用到的可视化的工具，提供可以修改的模板以及打印的建议。

活动包：包含如何发起活动的使用指南，以及常见的 Q&A 答疑。

使用方法

1. 选择小事

根据社区实际情况与目标人群，制订需要执行的小事库，并确定打卡方式和奖励机制。

2. 招募与宣传

通过合适的平台，依托线上、线下多种方式发布活动计划及招募信息。

3. 实践与打卡

参与者自主报名，线下完成社区实践任务，并通过线上平台或小程序进行打卡，分享自己与社区握手的日记和心得。

4. 总结回顾

收集参与者反馈内容，发布总结推文，持续运营活动社群。

成果形式

案例：2020 CAN 计划——与社区握手的小事

项目地点

全国线上社群。

项目背景

2020 年 2 月，应对突发的新型冠状病毒感染肺炎疫情（简称新冠肺炎疫情），大鱼营造发起了“CAN 计划”，旨在推动建立社区各方协动互助、线上与线下联动的“资源、研发、行动、支持”网络。其中，“与社区握手的小事”工具包应运而生。在工具包测试阶段，打卡活动以 14 天为一个周期，参与者在线上平台打卡互动，记录并分享与社区握手的过程。

活动内容

（1）小事共创与筛选

主办方在“CAN 计划”微信群招募了 10 余位“与社区握手的小事”共创成员，组建共创小组。大家通过线上会议，根据各自社区的实际情况制作小事列表，并将小事根据实操难度进行初步分类，共收集了 100 多条小事。

（2）活动设计

经过调查和测试，选择以某小程序作为打卡平台，设定以 14 天为周期的打卡活动，在共创成员内部招募 10 位成员作为活动参与者，成立活动群，并招募一位成员作为活动群运营官。

（3）小事实践

在活动群里，运营官负责在打卡过程中定期提醒大家坚持打卡，并与参与者保持互动，鼓励大家积极分享实践的过程，以及其间发生的有趣事情、遇到的难题等。打卡内容包括“给邻居送上感谢信”“认识社区的保安”“为社区清理小广告”等。

（4）收集反馈，制作工具包

活动结束后，共创小组整理好参与者完成的小事打卡内容，向参与者调研活动反馈意见，并对小事列表进行进一步深化和整理。然后，从中精选出 49 条小事清单，将它们分成适用于不同群体、不同参与难度的 7 个版本的小事清单，包含“入门新手版”“宅家也能做”“亲子家庭版”等。最后，共创小组围绕“如何发起一场与社区握手的小事”活动整理形成一套工具包，支持更多社区发起“与社区握手”的活动。

4.2 草图访谈

草图访谈（Sketch Interview）指借助草图进行访谈，辅助受访者实现想法的视觉表达。通过可视化的方式，让参与者更清晰地表达不易用语言表述的想法，呈现基于个体体验和认知的差异化的意象地图，也有助于让采访者和受访者在对草图细化和修改的互动过程中增进相互理解。

工具特征

阶段分类

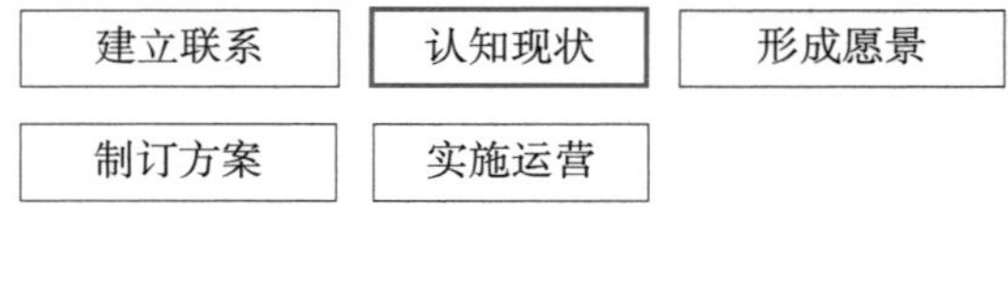

适用人数

≤ 50 人	51–100 人	≥ 101 人

实施时间

≤ 0.5 天	1 天	n 次 /n 天

组织难度

低	中	高

物料成本

低	中	高

目标与特点

（1）通过让参与者用图示方式描绘他们的想法，为意见征询提供具象化的视角。

（2）通过视觉表达形式，辅助那些语言沟通有障碍的人群更好地表达他们的想法。

温馨提示

（1）特别适用于空间规划设计等视觉表达比文本表达更具优势的情况，以及面向存在语言沟通障碍而更容易通过可视化方法交流的群体，如儿童、外国人、方言使用者等。

（2）调研人员需要具备一定的绘画技能和沟通交流能力。

（3）适用于参与者人数较少的情况。调研人员与参与者采用面对面直接沟通的方式，两者人数比宜为 1 ：1–1 ：4。

（4）可与问卷调查等方式结合使用，为开放式问题提供更为直观、形象的补充信息。

工具形式

用草图的形式描绘社区问题、愿景、空间设计方案等。可用现状地形图或影像图作为基础底图，用颜色、图标、贴纸、文字等进行辅助表达。

使用方法

主持人介绍活动目的、主题和任务。

发放纸和笔等材料，通过调研人员与参与者一对一或一对多（建议最多不超过 4 人）的形式，围绕主题任务，交流并绘制草图。工作人员可以协助参与者对草图进行细化和完善。

将所有的草图集中展示，并邀请参与者向大家介绍自己的想法。

引导参与者思考所绘制的草图可在下一步如何应用或实现。

成果形式

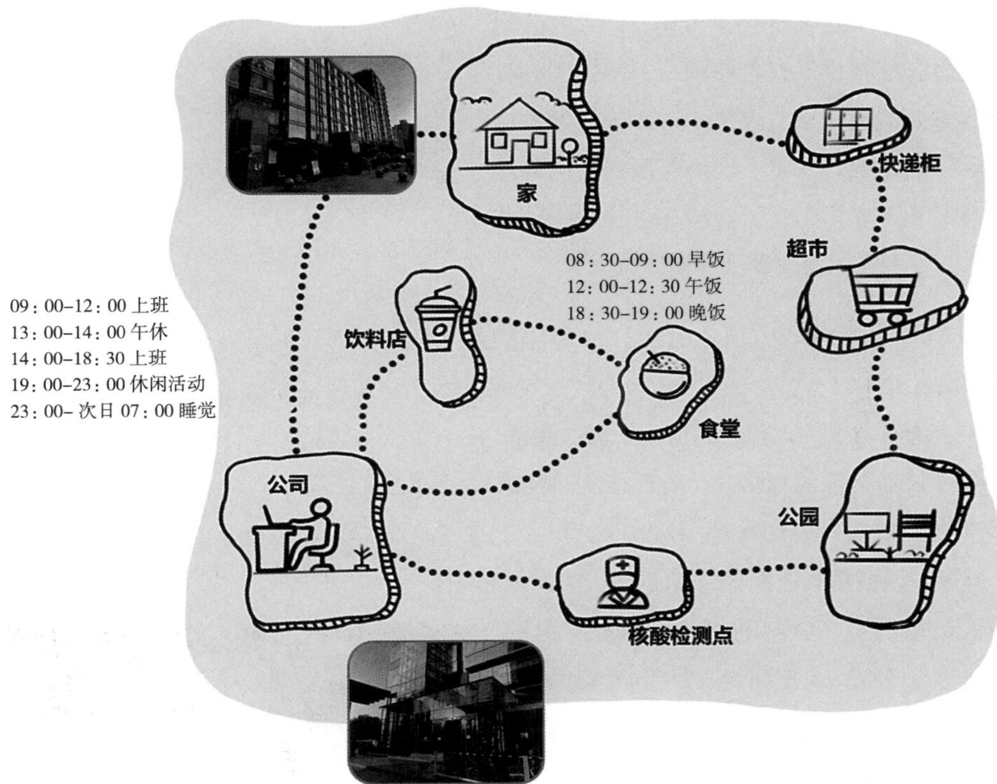

概述 常见问题 工作坊类 小工具类 共创产出类 社区激活类 综合性案例

案例：北京清华校园意象地图调研

项目地点

北京市海淀区清华大学。

项目背景

校园是学生学习、生活与青春记忆的载体。校园中多种多样的各类活动空间为忙碌的莘莘学子提供了活动的场所。如何更好地应对当代学生新的学习、生活和交往方式，深入了解不同群体对于校园公共场所的认知和使用情况，进一步提升校园空间和设施的丰富度、舒适度和活跃度，成为高品质校园建设的重要内容。

2022 年 7 月，清华大学建筑学院调研团队采用草图访谈的形式，面向清华大学本科生同学开展意象地图调查。通过调研人员与参与者一对一对话沟通，协助受访者绘制校园意象地图，了解学生心目中对校园内重要活动区域、道路、边界等要素的认知、情感和使用情况，探索不同场所面向不同群体的差异化意义和主要作用，为后续探讨校园中公共场所和设施的主要问题和发展设想提供支撑。

活动内容

（1）活动介绍

招募并遴选受访学生，兼顾性别、年级、院系、生活和交友方式等特征的均衡分布。调研人员向参与者介绍活动背景和活动目的，说明访谈流程。

（2）第一阶段：画出基本框架

调研人员协助参与者勾勒出校园的基本边界、主要道路和重点区域。关于如何选择绘制的起始点，以参与者方便推进为原则，可以是参与者最熟悉的场所（比如宿舍楼），也可以是校园的某个重要区域（比如校门或主楼）。调研人员提前准备好校园地图，需要时可以提供参考。

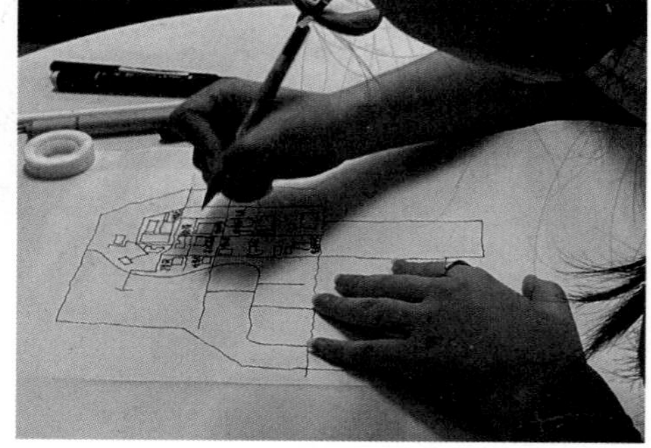

（3）第二阶段：梳理重要元素

以“日常生活、学习中对校园场所的使用”为主题，调研人员协助参与者以“时空间路径”或“场所重要性”为线索，对客观使用或主观认知上重要的校园空间要素进行绘制。这些要素可以是积极、受人喜爱的，也可以是消极、有问题的。调研人员同时引导参与者在相应点位旁标注场所名称、活动内容、情感认知、主要问题等关键信息。

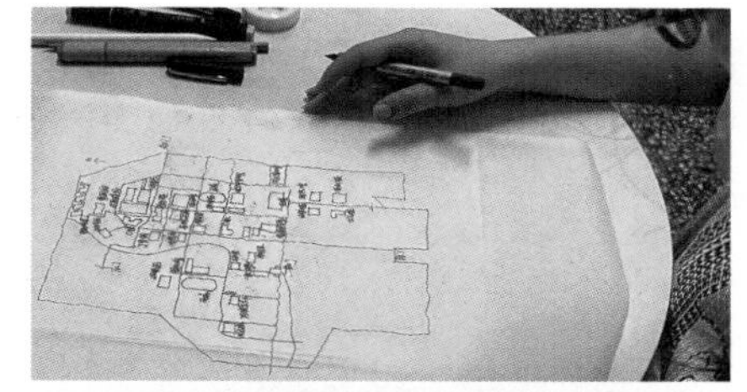

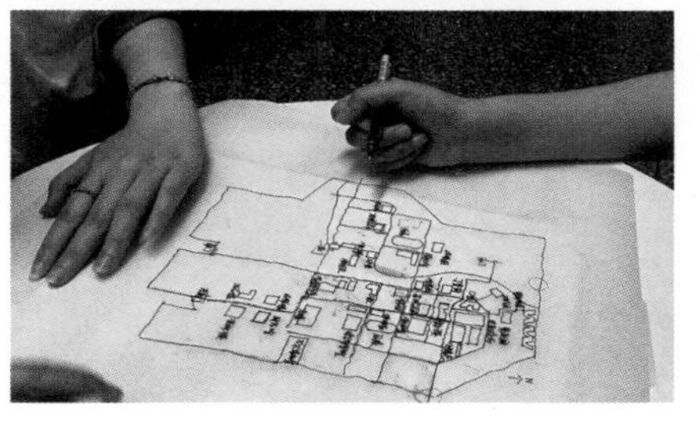

（4）成果交流和梳理

访谈草图基本绘制完成后，调研人员引导参与者再次对成果进行整体审视和评价，查漏补缺，以及进一步深入探讨学习场所和生活路径选择、情感认知和主要问题背后的原因等，交流对未来校园建设的想法和期待。最终形成图文并茂的成果，说明性文字可以附在图纸旁，也可以形成单独的文字稿。

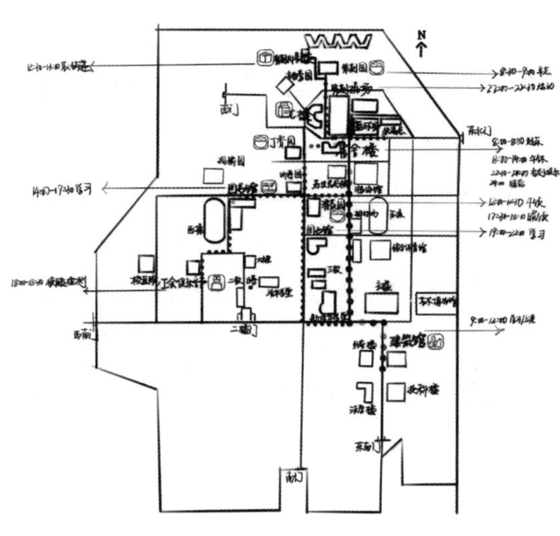

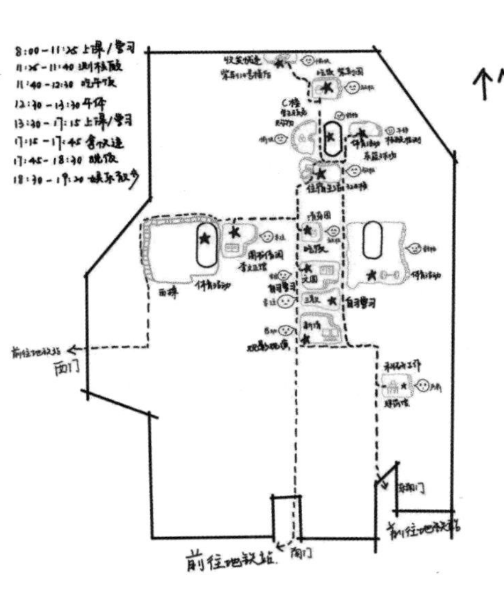

4.3 A to Z 关键词

A to Z 关键词（A to Z Keywords）指通过以 A 到 Z 的字母为线索，用头脑风暴的方式共创关键词，实现从多个方面对地方进行观察、深挖，帮助找到其真实的定位与特征。其中，A to Z 意味着全部的、所有的等涵义。

工具特征

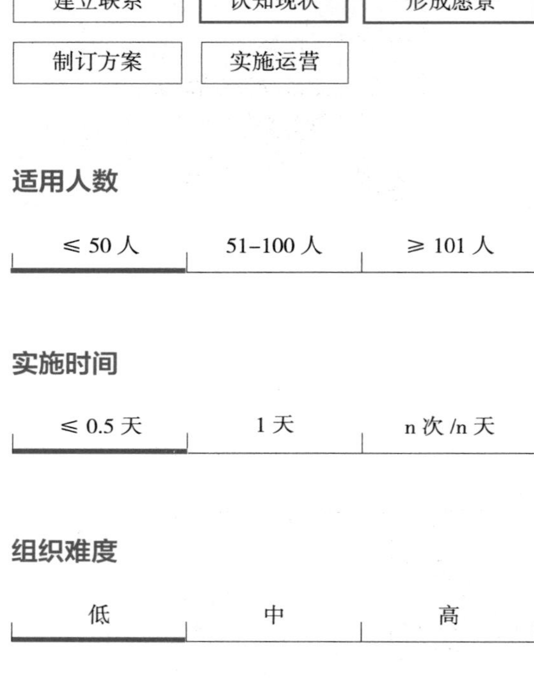

目标与特点

（1）达成多元主体对所在地方独特魅力的认知共识。

（2）为地方找到特征，并产出对特征的阐释。

（3）在参与过程中，增进不同群体间的交流。

温馨提示

（1）应用 A to Z 提炼关键词的时候，根据参与者的情况，提炼出英文开头或拼音开头的关键词都是可接纳的。

（2）比产出 26 个关键词更重要的，是过程中激发不同参与者对街区认知的碰撞。特别是在产生争议的时候，从不同关键词的表述到渐渐达成共识的过程就是在凝聚大家对街区的认同感。

（3）A to Z 的成果可以有多种呈现形式，包括关键词搭配文字、手绘图、照片、视频等不同组合方式，呈现载体可以是小册子、明信片、绘本等，本书读者可在实践过程中开创更多富有创意的成果形式。

工具形式

通常体现为一个含有引导问题与 26 个关键词填空内容的图像。排版形式灵活多样，可以使用不同材质，手写或打印成不同尺寸。

使用方法

主持人介绍活动的目标、活动流程、共创规则。参与者按每组 4–6 人分组围坐。

各组成员分别进行头脑风暴和讨论，一起完成 A to Z 关键词画布的创作。

各组分别把组内共创的关键词成果抄写在大白纸上与大家分享，每组派出代表对其他组的成果进行投票，得票高且无异议的词条成为大家一致认可的关键词。对于投票中存在异议的关键词，由主持人引导，请关键词的提出者与大家分享内涵，再进行新一轮投票，直到 26 个关键词结果全部取得共识。

主持人将共创的 26 个关键词呈现在大家面前，每组派一位代表进行总结发言。

成果形式

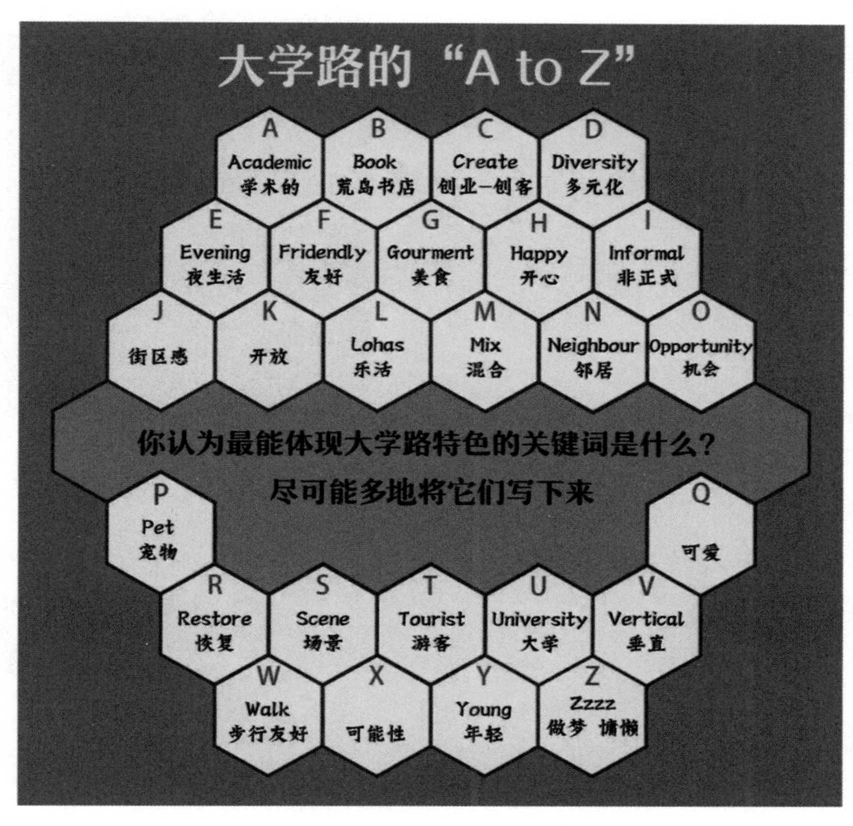

案例：上海“最新华”A to Z 关键词共创工作坊

项目地点

上海市长宁区新华路街道。

项目背景

2020 年，受新华路街道办事处委托，大鱼营造开展了与居民共同记录地方魅力的“共创第 3 号《新华录》”项目。《新华录》作为一本街区内部刊物，强调由街坊居民、商户等共同参与内容创作，挖掘并传播地方特色，其第 3 号主题定为“什么最新华”，希望挖掘街区的独有魅力并向更多人分享。项目通过招募成员组成共创小组，组织系列工作坊，产出刊物各板块内容。在街区地图的板块创作中，通过组织“A to Z 关键词”共创工作坊，凝聚共识，产出呈现街区多元魅力的 26 个关键词，最终以地图折页的方式在《新华录》中呈现。

活动内容

（1）活动招募

主办方提前两周发布活动预告，并通过线上报名与定向邀请的方式进行人员招募，最终召集到了约 20 位街区代表（高校老师、图书馆馆长、老居民、新搬来的亲子家庭、商户主等）参与活动。

（2）破冰环节

主持人引导参与者分享个人关键词，如 smile（微笑的）、parent（为人父母），来进行自我介绍，为下一个环节提炼街区关键词进行铺垫。

（3）共创画布

主持人引导各小组在组内完成“最新华 A to Z 关键词”共创画布。主办方在每组的桌上准备了一些街区的照片、街区历史文化主题的书籍，辅助大家进行头脑风暴。

（4）投票与讨论

所有小组完成小组画布创作后，主持人引导大家进行关键词投票、分享与讨论。如有参与者对某个关键词存在争议，主持人则邀请关键词提出者进行解释，在各方拉票与讨论的过程中，逐渐形成 26 个关键词的最终共识。

（5）成果分享

工作坊结束前，主持人确认 26 个关键词任务的认领人，并向大家解释任务要求（提供一段简短的关键词解释语以及代表性图片）。素材搜集完成后，汇总并排版形成“解密最新华的 26 个关键词”地图，在《新华录》第 3 号中面向公众发布。

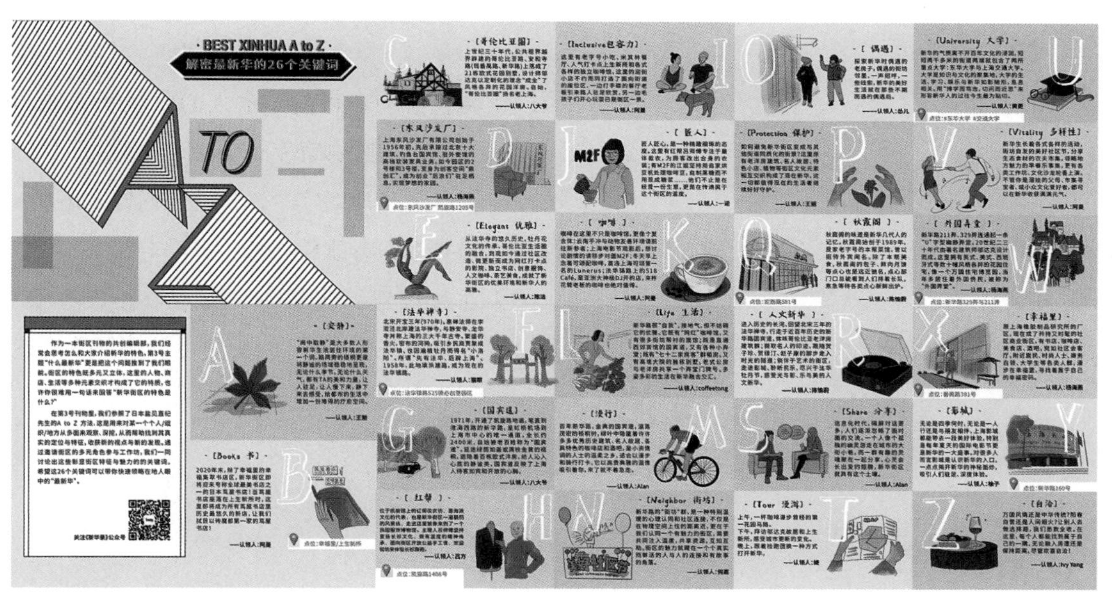

4.4 卡牌游戏

卡牌游戏（Card Game）指借助角色卡，让参与者扮演不同的社区利益相关者角色，实现多元群体的需求表达和观点交流，增进不同群体间的相互理解和认同。通过角色扮演，有助于提供看待社区议题的新视角，换位思考感知他人的特点、思维模式以及需要。这种视角转换的能力常常是解决社区矛盾的关键。

工具特征

阶段分类

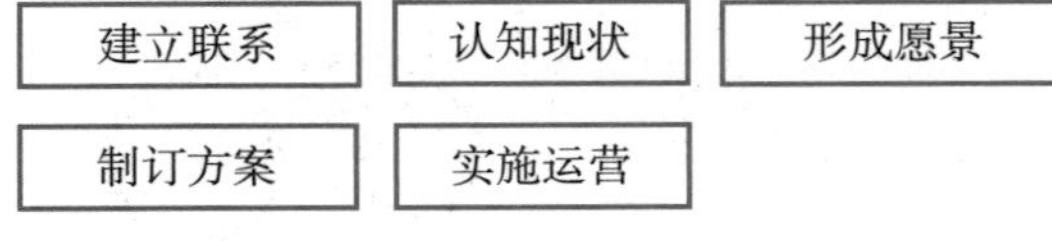

适用人数

≤ 50 人	51–100 人	≥ 101 人

实施时间

≤ 0.5 天	1 天	n 次 /n 天

组织难度

低	中	高

物料成本

低	中	高

目标与特点

（1）促进不同利益群体的换位思考和相互理解。

（2）为弱势群体、不在场群体，以及不善于表达或缺乏表达机会的群体提供需求和利益表达的机会。

（3）增强社区规划方案的包容性。

温馨提示

（1）角色扮演者可能对他人的定位和立场不太熟悉，应鼓励扮演者积极尝试，并可提供一些辅助信息，帮助他们进入角色。

（2）引导参与者放松心态，平和对话。

（3）通过设置特定提示（如戴取角色标签、主持人提示等），明确角色扮演环节开始与结束的节点。

工具形式

1. 资源卡

对社区里的资源进行分类，用于激发参与者对社区资源的发掘与想象，可分为场所类资源、工具类资源、活动类资源、达人类资源等。各类资源下再列举具体资源名称，如场所类可包括活动中心、小空地、架空层、绿地等。

2. 角色卡

根据社区人物角色进行分类，如儿童、妈妈、社区工作者、热心大叔、大学生、社区商家等。

3. 议题卡

根据不同的社区议题进行分类，如儿童友好、社区经济、共享社区、可持续生活等。

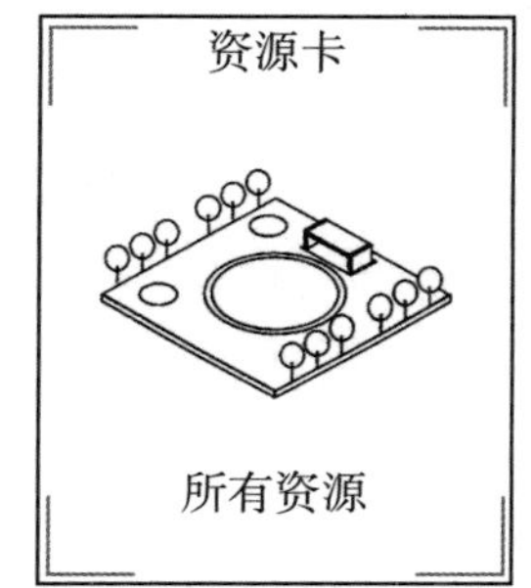

使用方法

结合主题，确定角色类别。

通过随机抽取或指派，向参与者分配所扮演的角色，发放相应的角色卡，并提供资源卡、议题卡供其选择。角色扮演者阅读和选择卡片，可使用空白卡片补充填写相关信息。

在主持人的引导和辅助下，参与者从所扮演角色的角度，围绕需要探讨的议题，表达立场和观点。

根据需要，也可以进行角色交换，组织多轮讨论，丰富角色体验和观点表达。

案例：赫尔辛基参与式预算游戏 *

项目地点

芬兰赫尔辛基市（Helsinki）。

项目背景

赫尔辛基市政府与当地设计公司密切合作，开发了一种卡片游戏，促进公众参与城市公共资金预算的制订。

活动内容

（1）工具准备

工作人员提前准备好流程底板，以及不同颜色的以下六类卡片。

① 浅蓝色的“城市愿景卡”，包括关于赫尔辛基需要改善的各个方面。

② 深蓝色的“城市地区卡”，包括不同的城市区域。

③ 红色的“限制因素卡”，包括各类约束条件，如成本限额、法律条文等。

④ 黄色的“市民角色卡”，包括不同的角色设定，如全职妈妈、学生、行动不便的人等。

⑤ 绿色的“想法和解决方案卡”，可让参与者寻求外部援助，如打电话给朋友或家人，或求助于其他参与者，请他们提供想法支持等。

⑥ 黑色的“自由外卡”，提供多种方式帮助小组打破僵局，如让参与者休息片刻，或走上街头，向路人提出他们的想法并寻求反馈等。

（2）分组和角色分工

将参与者分组，每组 6–8 人，配备一张流程底板和六套卡片。每组选出组长、记录员、计时员和自由人，组长宣读游戏流程，记录员记录每个阶段的讨论结果，计时员负责控制时间进度，自由人根据需要从“自由外卡”中抽取卡片，帮助小组创造性地思考解决方案。

（3）小组讨论：确定愿景

小组成员从“城市愿景卡”中选出 1–2 张作为最想实现的发展愿景，从“城市地区卡”中选出 1 张作为重点关注区域。

围绕所选择的卡片进行讨论，提出相关问题并进行记录，从中选择一个最关键问题作为下阶段讨论的主要议题。记录员记录发展愿景、重点关注区域和主要议题，以及所有相关问题。

（4）小组讨论：提出方案

参与者围绕前一阶段选择的愿景、区域和主要议题展开讨论，并提出解决方案。可根据需要发展出子议题，继续深化解决方案。例如，提出希望增加更多的停车位，则需要进一步思考停车位至今没有增加的原因以及可能遇到的挑战。

---

* 本案例资料根据 https://bloombergcities.medium.com/how-a-card-game-can-help-city-residents-suggest-new-ideas-b1da60bb112b 翻译整理。

可借助“想法和解决方案卡”“市民角色卡”开启新的视角。若讨论陷入僵局,可抽取“自由外卡”。

记录员用简练的文字将所有可能的解决方案写在纸上，并放在大家都能看见的地方进行展示。

（5）小组讨论：方案检验

对照“限制因素卡”，逐个检验各解决方案是否满足所有相关的限制条件。根据符合程度进行打分排序，选出 1–3 个最佳方案，或根据需要修改方案，以适应限制条件。

对照前阶段选定的“城市愿景卡”，检验选出的解决方案是否支持该愿景，并进行打分，选出得分最高且小组认为最好的方案。如果所有方案都难以支持愿景，则对方案进行修改。如有需要，可再次进行提出方案和检验方案的过程。

记录员以简练的文字总结记录小组最佳方案。

（6）形成建议并提交

各组最终成果进行集中展示，并分享交流。

汇总最终成果并梳理形成总体建议，提交给赫尔辛基市政府。

案例：深圳“共创‘艺术 × 社区’的 100 种可能”社区设计游戏工作坊

项目地点

深圳市南山区华侨城。

项目背景

艺术和社区可以产生怎样的关系？大鱼营造与华美术馆联合发起，于 2021 年 5 月在华侨城华美术馆举行了“共创‘艺术 × 社区’的 100 种可能”社区设计游戏工作坊，旨在探讨华侨城周边的社区与艺术馆、美术馆之间的关系。工作坊通过游戏化的方式，借助卡牌道具，与 20 多位来自不同行业的青年人共同探讨“艺术与社区”的关系，为参与者带来看待议题的多元视角，并发动他们彼此协作，共创“艺术 × 社区”的更多路径与行动方案。

活动内容

（1）入场调研

参与者入场，并加入“参与式调研”环节，回应本次工作坊的主题问题并写下答案，思考自己与艺术、与社区的距离和关系，并在坐标轴上做出标记。同时，展板上展示出一系列相关案例，以激发参与者想象。

（2）话题发起

工作坊以华侨城社区为背景舞台。为了让参与者快速了解所在社区的环境，在工作坊开始之初，简要介绍了华侨城的历史发展脉络、现状环境，以及曾在社区进行的艺术行动，以抛出话题。

（3）破冰 + 理想社区搭建

参与者分组后，各小组成员在艺术家的引导下，使用胶带作为媒介，在桌面模拟理想的社区形态。原本陌生的参与者通过分享各自心目中的社区画像而相互认识。

（4）社区设计游戏

借助议题卡，各组讨论出一个当前共同感兴趣的社区议题，进行第一轮游戏的试玩体验。

熟悉玩法后，进行第二轮更为正式的游戏。重新设定议题为“活用艺术的能力来解决某个社区议题”。在这个议题下，各参与者基于所抽取角色卡确定的角色身份，灵活利用手中的资源卡进行组合，形成各自的提案，并进行组内分享。

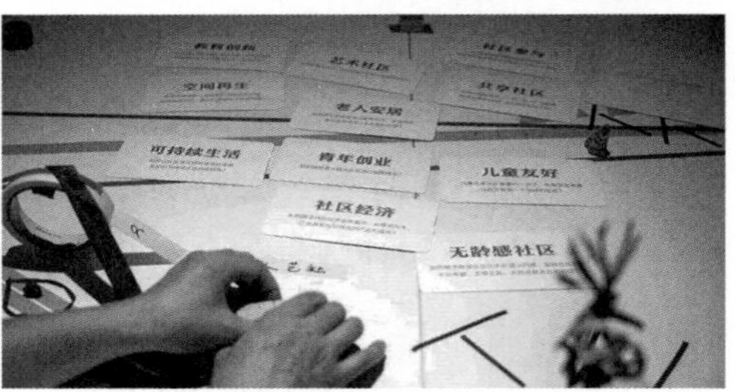

（5）提案完善

利用投票卡，各组内投票选出最具人气的方案，投票人可分享选择该提案的原因与其他建议。之后所有组员继续出谋划策，对该方案进行讨论与完善，并灵活运用各类材料共同完成提案书。

(6) 提案分享和点评

各组分别发表提案内容，其他组成员戴上面具分别扮演居委、物业、居民等角色，提出各自的问题与建议，促成参与者对方案落地可行性有更进一步的思考与互动。

(7) 分享与总结

所有参与者围成一个圈，一起进行活动的回顾并分享各自的启发和感受。这样，一方面从各个角度确认了工作坊对不同参与者的作用；另一方面也增进了参加者彼此之间的关系，活动结束后仍有不少人保持着联系。

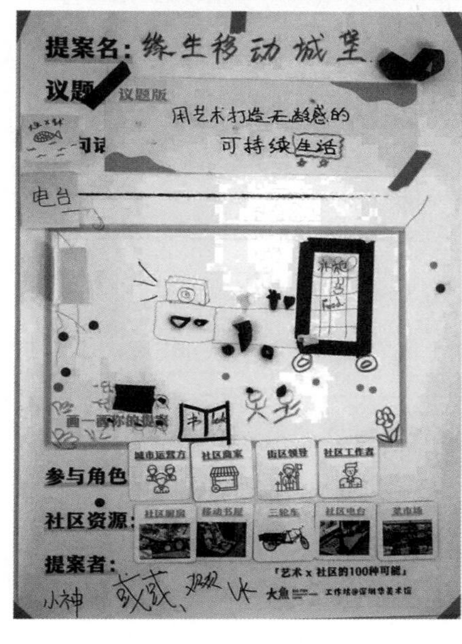

4.5 圆桌会议板

圆桌会议板（Round Table Board）是支持圆桌对话的常用工具，包括直径约 1 米的圆形硬纸板和同样大小的牛皮纸。参与者边讨论，边在牛皮纸上用文字、符号或图示等形式书写自己感兴趣的内容。便于参与者在讨论中理清思路，也能够留下清晰的讨论成果，支持横向和纵向比较。

此工具由东京工业大学的川嶋直（Tadashi Kawashima）、中野民夫（Tamio Nakano）教授发明，又名“圆桌君”（えんたくん），常用于世界咖啡等工作坊中。

工具特征

阶段分类

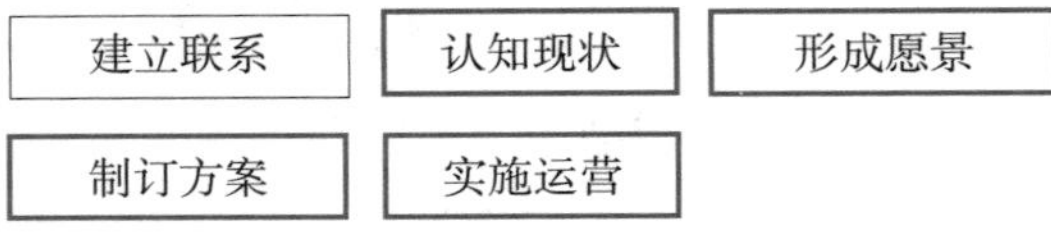

适用人数

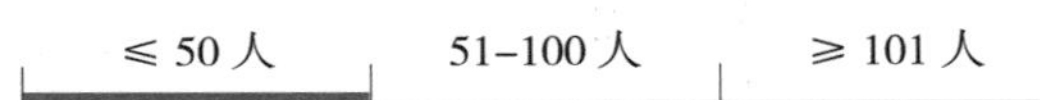

实施时间

≤ 0.5 天 | 1 天 | n 次 /n 天

组织难度

低 | 中 | 高

物料成本

低 | 中 | 高

目标与特点

（1）以圆桌的形式充分营造平等对话的氛围。

（2）将参与者之间的讨论用可视化的方式记录下来，有助于更好地相互倾听、相互理解、提出疑问和展开对话。

（3）在圆桌会议板上通过颜色和分区差异化地呈现出不同参与者的认知和理解，亦可进行折叠拼贴，在后续讨论中灵活地进行思路的呈现。

温馨提示

（1）为保持参与者之间适当的对话距离，每个圆桌会议板的使用人数宜为 4–6 人。

（2）需要准备可移动的座椅，可以不用桌子，直接将圆形硬纸板放在参与者膝上作为桌面。

（3）讨论过程中，参与者的表述应尽量简洁明了，以关键词的形式进行记录，并通过颜色、符号等辅助表达。

工具形式

道具包括一个直径 0.8–1 米的圆形硬纸板，以及若干张可铺设于上方并与之同样大小的牛皮纸。

硬纸板可以折叠、携带，牛皮纸可根据需要双面使用。

辅助道具包括不同颜色的马克笔、提示时间的铃或哨子。

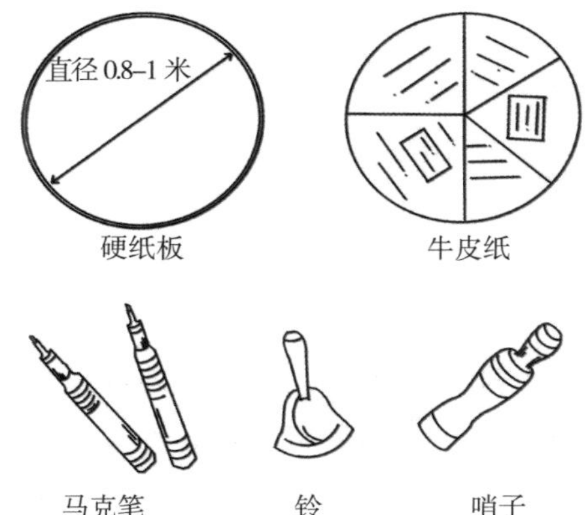

使用方法

圆桌会议板常用于分组讨论。每组宜为 4–6 人，各组将椅子围成一圈，参与者可将圆形硬纸板置于膝上作为桌面，也可将硬纸板放置在中间的桌上。

主持人宣布工具使用的基本原则，包括认真听、简短说、记下来等。

各组先将讨论的主题写在牛皮纸中央。在讨论过程中，参与者分别用不同颜色的马克笔将讨论内容的关键点，以及自己在倾听他人观点时产生的想法、疑问等记录在牛皮纸上自己所对应的区域里。

可换组进行多轮次讨论，椅子和硬纸板不动，更换牛皮纸即可。

讨论结束后，将记录的牛皮纸放在一起进行比较，各组分别对成果进行介绍。参与者可在会场中自由走动，观看、分享各组的成果。

成果形式

案例：南丹“地域振兴先驱者”培育活动 *

项目地点

日本南丹市（Nantan）。

项目背景

由于高龄化、少子化等问题，日本多地面临“地域振兴”的发展需求。京都府南丹市作为京都观光带上的重要节点，希望围绕农工商合作，以及观光旅游与文化、环境发展相融合等议题，邀请在地居民参与探讨地域振兴的策略，并进一步培育能够带领实际行动的地区行动者。2017 年 3 月 18 日，南丹市政府和非营利组织共同举办了“地域振兴先驱者”培育活动，吸引了约 40 名来自不同行业的当地居民参与，并采用圆桌会议板工具辅助参与者之间的讨论。

活动内容

活动以“南丹市村落的未来”为主题，在南丹市政府的大会议室举行，持续了约 4 个小时。

（1）活动介绍与分组

参与者在会场中围坐成一圈。主持人介绍活动的主要内容、目的、流程，以及圆桌会议板的使用方法。参与者分为 4 人一组。

（2）破冰环节

各组围圈而坐，小组成员进行自我介绍，并分享自己与地区之间的关系和故事。

（3）世界咖啡

向各小组分发圆形硬纸板和牛皮纸、彩色水性马克笔、A4 白纸和垫板。

第一轮的讨论主题是“南丹市的优点是什么？”先让参与者自行思考 3–5 分钟，并在白纸上记下要点，之后开始小组讨论。参与者一边倾听他人的发言，一边在牛皮纸上用简短的词句记录自己感兴趣的内容、存在疑问的地方，以及由他人观点引发的想法。他们也可以先在白纸上记录，再用关键词、符号等在牛皮纸上进行表达。

第二轮、第三轮的讨论主题分别是：“想把南丹市建设成怎样的更好的地区？”“为了实现地区愿景，自己想要做的事情是什么？”

每组留下一名成员作为组长，其他成员换组讨论。开始新一轮的讨论时，组长先向新组员简要介绍上一轮的讨论情况。每更换一次讨论主题，每桌就更换一张新的牛皮纸进行记录。

（4）成果展示

经过对现状、理想愿景、自己的行动进行讨论，每桌形成了不同的讨论结果，各组组长向大家分享牛皮纸上的内容。各小组在此基础上制作一张“我的地域营造计划”宣传海报，写上接下来想进行的计划案和伙伴招募信息。

---

* 本案例资料根据川嶋直，中野民夫．えんたくん革命 1 枚のダンボールがファシリテーションと対話と世界を変える [M]. みくに出版，2018 翻译整理。

4.6 问题树

问题树（Problem Tree）是一种以树状图形系统地分析问题及其相互关系的方法，最终目标在于根据逻辑关系寻找造成问题的根本原因，从而为解决问题提供正确的切入点。也可以关键问题为起点，推导出解决方案。

工具特征

阶段分类

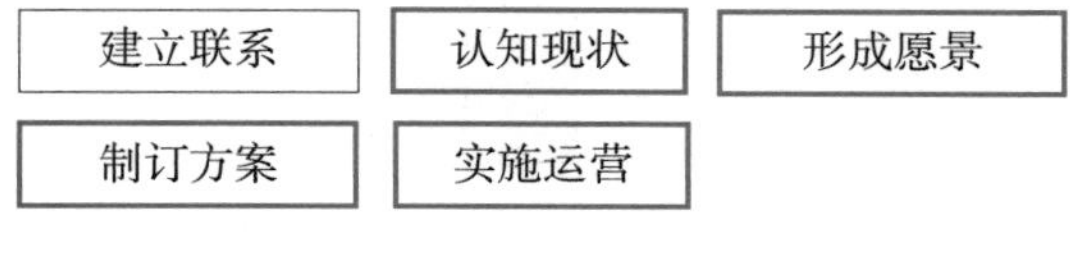

适用人数

≤ 50 人 | 51–100 人 | ≥ 101 人

实施时间

≤ 0.5 天 | 1 天 | n 次 /n 天

组织难度

低 | 中 | 高

物料成本

低 | 中 | 高

目标与特点

（1）系统、简洁、形象地反映问题的关键信息及其内在逻辑关系，为全面、有针对性地解决问题提供支撑。

（2）适用于问题研究的初始阶段，对具体情况尚不明确的问题进行全盘分析。

温馨提示

（1）工具分析的问题应是真实存在的，而不是假想的。

（2）“问题树”的树状图上，问题的位置并不表示问题的重要性。

（3）在思考、分析或整合问题时，如果讨论陷入困境，可试着在向前推进之外，采用向后的方式构建“问题树”，可能会有意想不到的突破。

工具形式

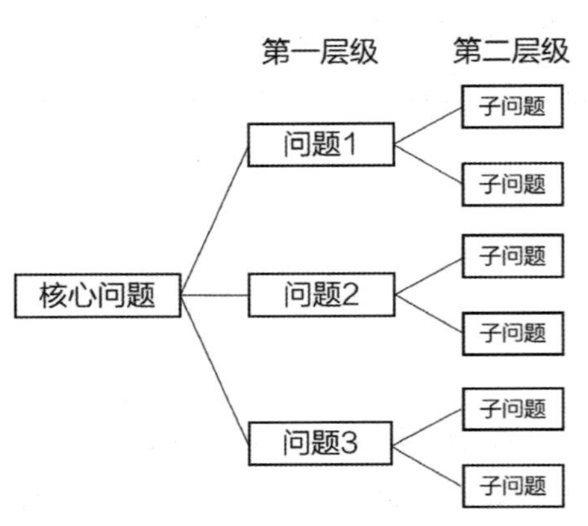

由左向右展开的“问题树”

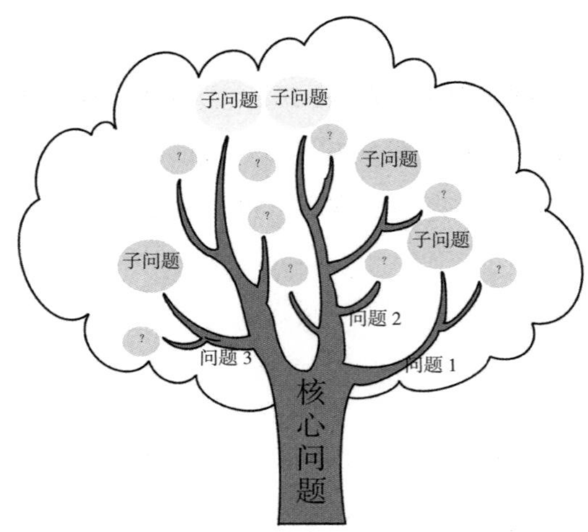

由下向上展开的“问题树”

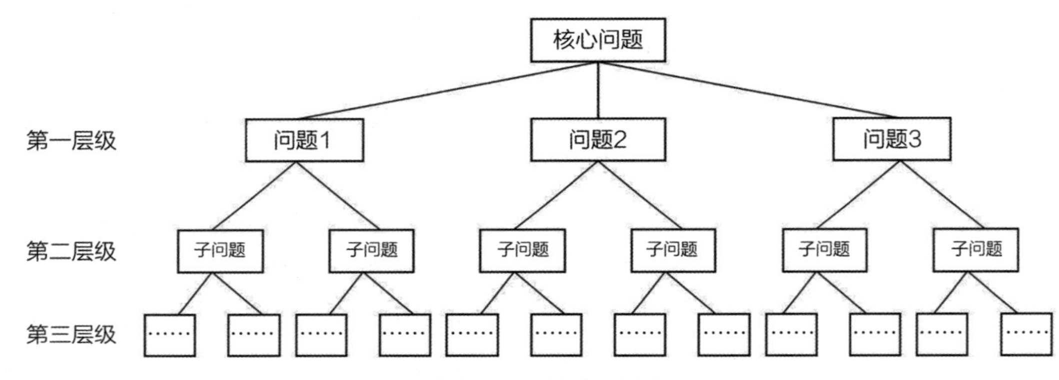

由上向下展开的“问题树”

使用方法

找出议题中存在的“核心问题”或“起始问题”，写在大白纸的一侧。

将“核心问题”或“起始问题”进行分解，形成第一层级的子问题（也可以用原因的形式表述）。各子问题应彼此独立、互无遗漏，用线条表示各子问题之间的关联关系。

根据需要，将第一层级的各子问题再次分解，得到第二层级的子问题。

以此类推，将问题逐级分解，从而得到更多、更细化的子问题。

反复审查“问题树”，并根据实际情况加以补充和修改，直至最后分析出最根本的原因。

案例：北京“拥抱慢行生活——清河街道慢行系统互动工作坊”

项目地点

北京市海淀区清河街道。

项目背景

清河街道位于北京市海淀区北五环外，属于中心城区的边缘地带，为旁边的中关村、上地等高科技园区提供重要的居住和服务配套支撑。相关数据显示，其就业和居住人口中各有近一半的通勤出行都在街道及邻近地区，以 3–5 公里的短途出行为主。这是慢行交通最为适宜的距离。但现实中，清河街道的慢行环境存在人车混行、车辆停放混乱并挤占人行空间、无障碍设施不完善、街道家具和配套设施不足等问题，在很大程度上影响了人们的慢行体验和选择意愿。

2022 年 7 月，清河街道社区规划师团队联合“新清河实验”课题组、清河街道办事处、清华同衡规划设计研究院第八党支部开展了“拥抱慢行生活——清河街道慢行系统互动工作坊”，以“问题树”的形式，聚焦街道辖区内慢行系统的现状问题和解决对策，邀请清河街道内的居民、就业群体、社区工作者、街道办事处代表、责任规划师等共同交流研讨。活动也为交通部门和专家开启了参与的窗口。

活动内容

（1）活动招募

提前发布活动信息，邀请清河地区居民、就业者、社区工作者、街道办事处代表、责任规划师、交通领域专家等共约 30 人参与。

（2）活动介绍

主持人介绍工作坊背景、形式和活动目的，说明清河街道慢行系统提升的意义和重要性，提出安全性、健康性 & 趣味性、便捷性、舒适性四个讨论子议题。参与者分成 4 组，每组 4–6 人，并各配置 1 名引导员，负责协助记录和整理小组观点。

（3）破冰环节

以小组为单位，各参与者通过“串名字游戏”相互认识，推选出组长，确定组名。主持人公布各小组负责的子议题,并说明“问题树”的讨论规则。

（4）第一阶段讨论：形成多层级的子问题

各组分别围绕子议题的“核心问题”进行讨论。组员们将问题和原因写在 A4 纸上，并展开互动。组长引导组员们梳理、归纳出第一层级子问题，记录在大白纸上，或在便利贴上写下后贴在大白纸上。基于第一层级的子问题，进一步深入讨论并分解形成第二、第三层级子问题，形成小组的“问题树”。

（5）第二阶段讨论：针对各子问题讨论解决对策

各组围绕“问题树”上的子问题继续展开深入讨论，包括怎么解决问题，我能做什么，提出改进建议等，在大白纸上写下小组核心观点。

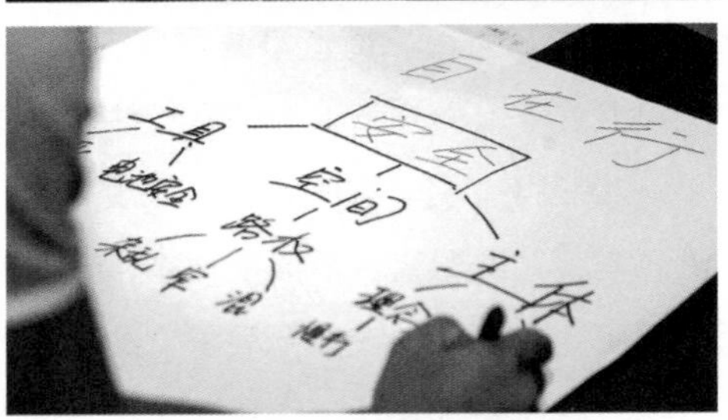

（6）组间分享

每组轮流上台向所有参与者分享讨论结果，围绕安全性、健康性&趣味性、便捷性、舒适性四个子议题，分别形成四个“问题树”成果。

工作人员将四组成果并排贴在大白板上进行展示，形成慢行系统总体讨论成果。

（7）自由分享

主持人邀请参与者、专家等分享活动心得，以及对慢行交通系统的想法、期待等。大家纷纷表示，需要从多部门协作、规划引领、从我做起、社群互动等方面全面推进地区环境品质，倡导绿色出行。所有参与者进行合影。

工作团队整理最终成果，形成清河街道慢行系统问题汇总和对策建议，纳入街道更新规划研究成果。

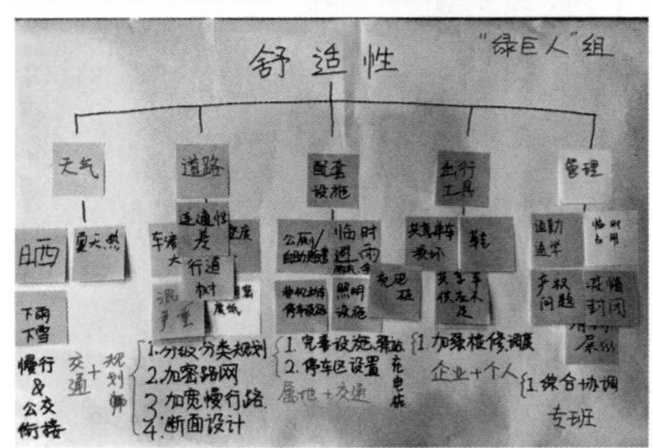

4.7 Ketso 工具包

Ketso 工具包（Ketso Kit）是一套可重复使用的各种颜色、形状的纸片，通过不同的图示及其结构化组合方式，帮助使用者进行观点的梳理、整合，常用于多元利益相关者共同参与的工作坊活动。

该工具最早由英国曼彻斯特大学规划与发展学院的乔安娜·蒂皮特（Joanne Tippett）博士发明，现广泛应用于各类规划、环境管理、教育、商业策划和评估项目中。

工具特征

阶段分类

建立联系　认知现状　形成愿景

制订方案　实施运营

适用人数

≤ 50 人	51–100 人	≥ 101 人

实施时间

≤ 0.5 天	1 天	n 次 /n 天

组织难度

低	中	高

物料成本

低	中	高

目标与特点

（1）通过形象化图解的方式梳理和展现不同观点及其内在联系，有助于围绕复杂问题进行深度对话。

（2）有效组织和记录多元群体之间的讨论，启发创造性思维。

温馨提示

（1）在每个问题讨论环节的初期，宜留出充足的时间让参与者自行发展个人的想法，之后再相互分享和讨论。

（2）在讨论过程中，可根据需要设置中场休息环节，便于参与者跳出局部视角，打破思维惯性，重新从整体思考讨论议题。

工具形式

Ketso 工具包主要包括以下几类工具。

垫板：作为讨论时放置卡纸的底板。主要包括“工作空间”垫板和“行动计划时间表”垫板两种类型，后者可根据需要选配。

卡纸：用于书写想法和表示想法之间的关系。主要包括“枝干”型和“叶子”型两种类型，前者又可进一步分为椭圆形的“主干议题卡”“分支议题卡”和线形的“分支连接线”。

图标：用不同图标形式（如感叹号、警示号等）表示事项的不同意义，如重要、有争议等。

笔：常用水性笔（或其他可方便擦除字迹的笔），用于在卡纸上书写。

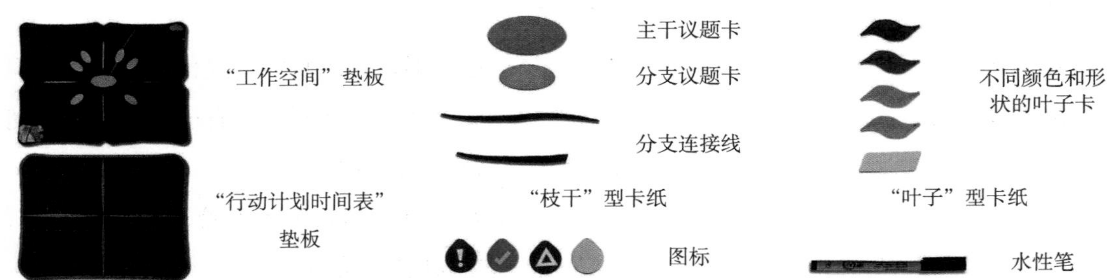

使用方法

在讨论活动开始前，工作人员确定讨论的主要议题和相关的分支议题，以确保关键性议题可以在讨论中被覆盖到。同时留出空白的分支，供参与者进行开放式讨论和议题延伸。

参与者分组，每组分配一套工具包。主持人介绍将要讨论的主要议题，各组将其写在“主干议题卡”上，放置在垫板的中央。

围绕主要议题，主持人提出与之相关的第一个分支议题，各小组将其写在“分支议题卡”上。小组成员针对此议题展开思考并进行讨论，将想法写在彩色“叶子”上，并放到垫板上（“叶子”可以粘贴在垫板上，并可方便移动）。通过“叶子”的颜色或形状区分想法的类别，“叶子”的朝向表示想法之间的关系，也可以将“叶子”拼在一起形成相近想法的“簇”。用“分支连接线”将各对应的“主干议题卡”和“簇”相连接。

通过“叶子”和“枝干”的排布，形成想法和议题之间的结构关系。

各组将形成的结果相互交流展示。将不同小组产生的结构形态进行比较，参与者用图标对其他小组的想法中自己感兴趣或认为重要的部分进行标示。基于小组间的交流，总结关键想法，并确定想法的优先级。

最后还可将想法发展成行动计划，分别写在卡纸上，放置于“行动计划时间表”垫板上，形成后续行动的实施计划表。

案例：曼彻斯特“住房、健康与福祉：最大限度发挥协同作用”活动 *

项目地点

英国曼彻斯特市（Manchester）。

项目背景

围绕曼彻斯特的住房、健康和福祉等发展议题，曼彻斯特博物馆于 2015 年 11 月 13 日举办了为期半天的工作坊活动，吸引了具有不同背景的 47 名参与者。他们分别来自住房协会、地方政府、英国国家医疗服务体系（NHS）以及健康和心理健康慈善机构等，共同探讨住房、健康和福祉之间的潜在协同效应，为创新和合作开辟新的途径。工作坊中使用了 Ketso 工具包，协助参与者进行对话并收集他们的想法。

活动内容

参与者分组，每组 4—6 人。主持人介绍活动流程和 Ketso 工具包的使用方法。讨论活动主要分为以下三个环节。

（1）热身练习

如果能最大限度地发挥住房、健康和福祉之间的协同效应，它会是什么样的情景？参与者围绕这个愿景展开畅想，在黄色“叶子”上写下想法，并进行分类整理，排布在垫板上。

（2）探索问题

各小组围绕住房、健康与福祉三者之间存在的联系和当前的外部环境条件进行讨论。参与者先自行思考并在棕色“叶子”上写下当前三方面之间已存在的联系，在绿色“叶子”上

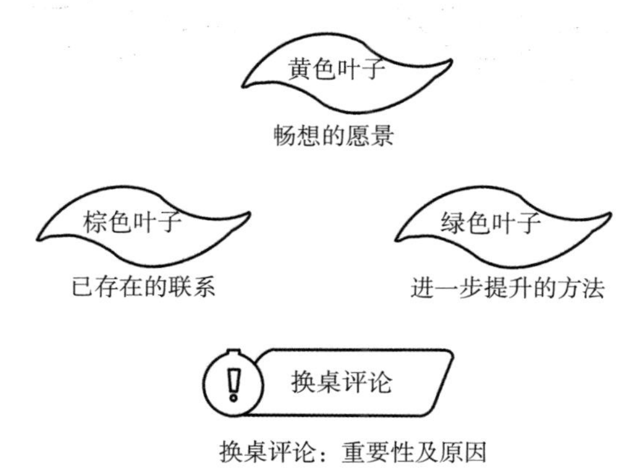

---

* 本案例资料根据 https://www.ketso.com 翻译整理。

写下可进一步提升的做法。小组内进行想法分享和讨论，并在“工作空间”垫板上将想法进行分类、整理和排布，形成这一阶段的工作成果。

小组间将交换工作成果，互相评阅，在白色的四边形“叶子”上写下评论的意见，并用图标标示出想法的重要性。

（3）提出方案

各小组围绕住房、健康与福祉三方面协同工作的路径进行讨论。参与者先自行思考并在棕色“叶子”上写下当前三方面已采取的协同措施，在绿色“叶子”上写下未来可能达成的愿景，在灰色“叶子”写下存在的障碍和挑战，在黄色“叶子”上写下相应的解决方案。小组内进行想法分享和讨论，并在“工作空间”垫板上将想法进行分类、整理和排布，形成这一阶段的工作成果。

小组间将交换工作成果，互相评阅，在白色的四边形“叶子”上写下评论的意见，并用图标标示出想法的重要性。

最后将收集到的想法记录并形成报告，为参与活动的政府部门、慈善机构等各方后续建立伙伴关系、开展行动提供支持。

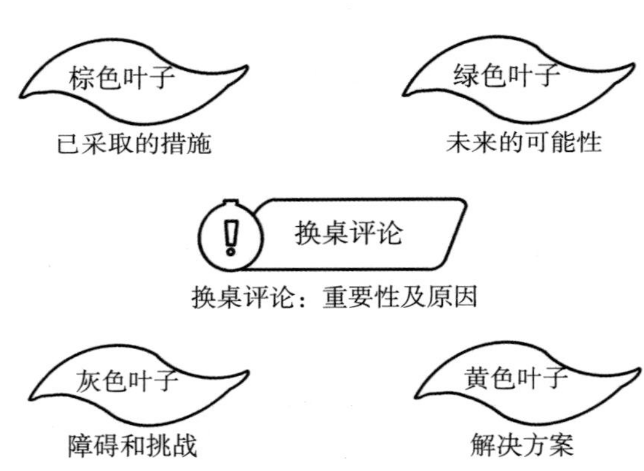

4.8 社区设计思维画布

社区设计思维画布（Community Design Thinking Canvas）指借助图解的方式，参与者共同讨论和梳理社区规划的目标、问题、资源、机遇和挑战，并探索解决问题和实现目标的路径。

这一思维工具由商业模式画布（Business Model Canvas）衍生而来，后者旨在用可视化的方式帮助创业者描述、评估和改进商业模式，以更好地激发创意、合理地解决问题。

工具特征

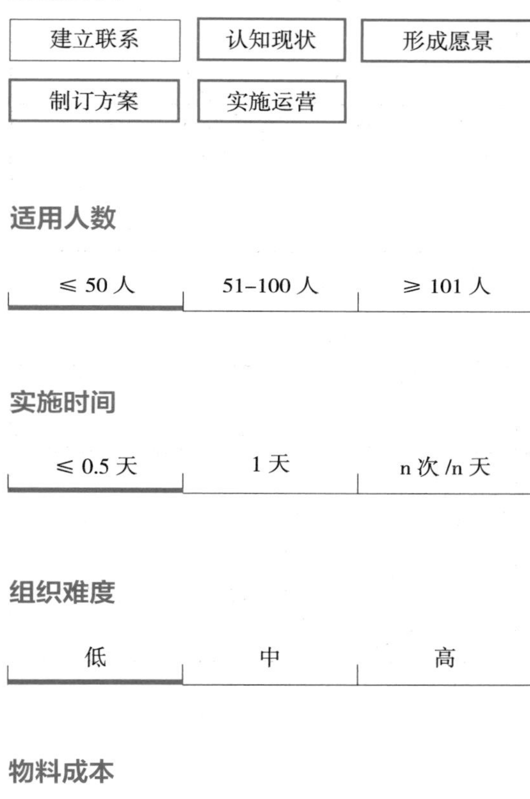

目标与特点

（1）打破视角的片面性，多元参与者之间分享想法并相互启发，激发创造性思维，辅助产出更全面、系统的提案。

（2）用符号和可视化的方式，有效地记录、组织和整理信息与思路，并以结构化的模式表达要素之间的关系，可供社区规划后续工作随时参考。

温馨提示

（1）画布是一个辅助的小道具，而不是一道题目。其作用是帮助参与者更全面地看待议题中的各个方面。

（2）在讨论过程中，不必局限于初始形成的讨论框架，而应让参与者自由地表达，必要时可对框架进行调整。

（3）鼓励参与者尽量使用直观、具体、平实的语言表达观点。

（4）可借助颜色、图片等辅助表达。

（5）整理最终结果时，宜在画布上适当留出空白区域，以供补充、修改。

工具形式

一张由相互关联的不同模块共同组成的画布或纸张。

可根据具体问题和需求确定主要模块及其排布方式。通常以问题和解决方案为核心模块，布置在画布 / 纸张中央，在其四周延伸出利益相关方、资源、约束、挑战、机遇、策略、机制等相关模块，可用不同颜色的字体或底色进行区分，并辅以数据、照片等加以补充说明。通过不同模块的排布组合方式（例如围合、序列、包含等），表达相互之间的结构关系。

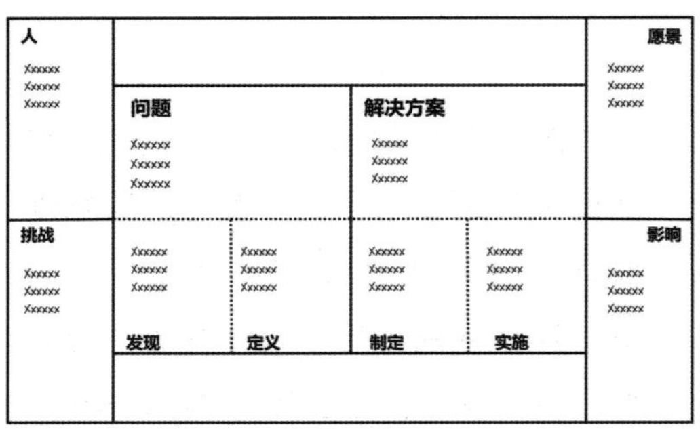

以问题和解决方案为核心

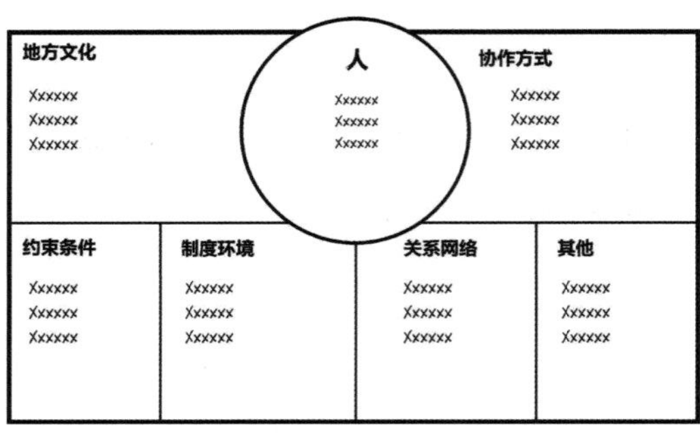

以利益相关者为核心

以愿景为核心

专长 Xxxxxx Xxxxxx	社区动员 Xxxxxx Xxxxxx	互助环境 Xxxxxx Xxxxxx	包容 Xxxxxx Xxxxxx	挑战 Xxxxxx Xxxxxx
心态 Xxxxxx Xxxxxx	社区自主性 Xxxxxx Xxxxxx	共同目标 Xxxxxx Xxxxxx	责权分配 Xxxxxx Xxxxxx	利益相关者 Xxxxxx Xxxxxx
开放性学习 Xxxxxx Xxxxxx	沟通者 Xxxxxx Xxxxxx	风险 Xxxxxx Xxxxxx	资源 Xxxxxx Xxxxxx	方案 Xxxxxx Xxxxxx
信任 Xxxxxx Xxxxxx	社区领袖 Xxxxxx Xxxxxx	创新平台 Xxxxxx Xxxxxx	交流渠道 Xxxxxx Xxxxxx	

从内驱动力到外部资源进行排序

使用方法

结合主题，确定主要模块，明确每个模块的具体含义。

引导和帮助参与者按照从剖析问题到产生提案的逻辑顺序，依次思考相关模块的核心内容，可以用关键词进行表达。

对各模块中的内容进行补充、深化，并发掘各模块内容之间的联系，用颜色、符号等进行标示。

对画布内容进行整体审视，进一步进行梳理和调整。

形成最终画布成果，可将其打印张贴，供后续工作参考。

案例：上海青年社区规划师培力计划“社区设计思维”工作坊

项目地点

上海长宁区新华路街道。

项目背景

2018–2019 年，共青团长宁区委员会联合大鱼营造在全区 10 个街镇开展青年社区规划师培力计划，通过组织一共 7 期的系列专家讲座与工作坊，邀请更多的青年设计师、社会创新者、社区工作者加入社区规划这片广阔的领域。在培力计划第 2 期“社区设计思维”的课程中，大鱼营造带领学员们深度剖析新华路街区中微更新的案例改造点，并与学员们一同共创社区设计思维画布，观察不同的社区主体，用更全面的眼光看待社区课题。

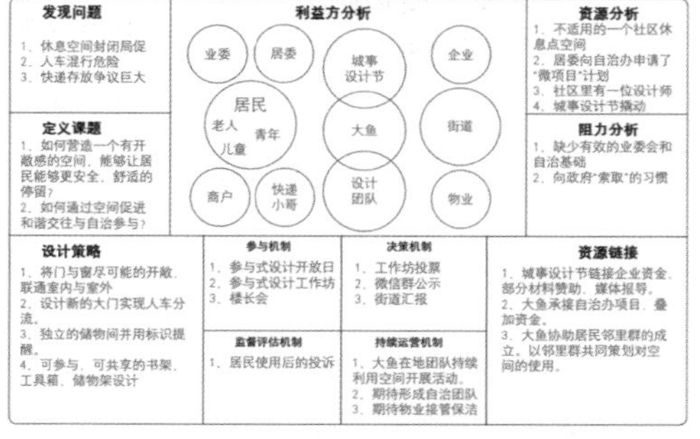

活动内容

（1）案例分析

主持人选择社区微更新案例“新华路 669 弄改造”进行介绍，并用社区设计思维画布对案例进行分析，让参与者对社区设计思维有初步了解。

（2）小组讨论

参与者分组后，主持人对另一个社区微更新案例“番禺路 222 弄改造”进行背景介绍，并让参与者在各小组内进行创作社区设计思维画布的练习。通过小组讨论，发现街区痛点，定义问题背后真正的课题，探索挖掘资源，链接资源并进行利益相关者的分析，进而从相关者的诉求出发，创建参与机制和运营机制、建议决策和评估机制，并在大白纸上将讨论成果呈现出来。

（3）成果分享

各小组派一位代表展示他们应用社区设计思维画布对案例进行的剖析与提案，主持人进行回应和总结。

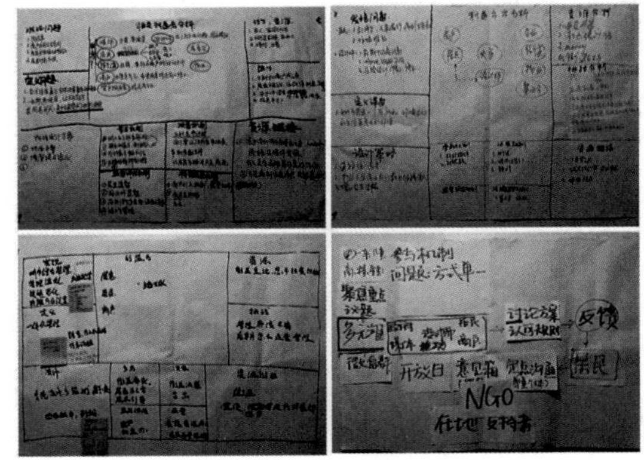

社区设计思维画布

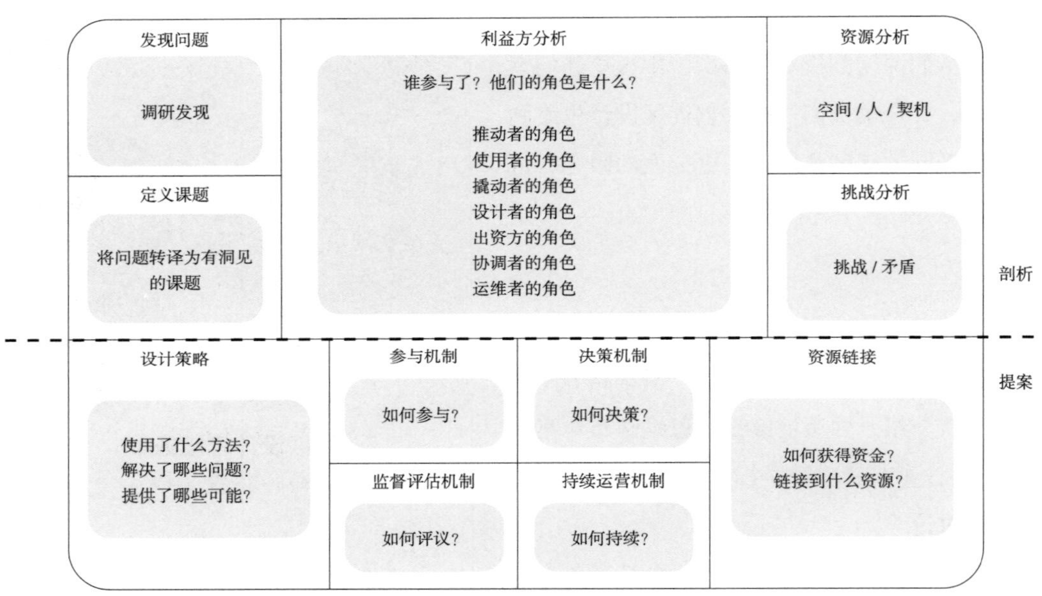

4.9 KJ 法

KJ 法（KJ Method）指通过分享不同的观点和想法，分析其中的内在关系并加以归纳整理，找到解决问题的方法。

其最早由日本学者川喜田二郎（Kawakita Jiro）提出，并用其英文姓名首字母命名。又名 A 型图解法、亲和图法（Affinity Diagram）。

工具特征

阶段分类

建立联系　认知现状　形成愿景

制订方案　实施运营

适用人数

≤ 50 人	51–100 人	≥ 101 人

实施时间

≤ 0.5 天	1 天	n 次 /n 天

组织难度

低	中	高

物料成本

低	中	高

目标与特点

（1）从复杂现象中整理思路，进行创造性思考，找到解决问题的途径。

（2）集思广益，力求发现问题全貌。

温馨提示

（1）需要较有经验的主持人进行全程引导，营造坦承开放的交流氛围。

（2）适用于问题复杂、涉及部门众多、起初情况混淆不清、难以理出头绪等情况。

（3）观点不存在优劣高低之分，鼓励参与者以开放的态度面对不同意见。

（4）引导参与者表述观点和建议时，注意文字简洁、表意清晰。

使用方法

信息卡片化：将所有与讨论议题相关的信息分别记录在卡片上。

卡片群组化：仔细阅读每一张卡片，根据主题、问题等进行分类，把相关的卡片合成一组并命名，将各组标题分别写在新卡片上，并放在对应组卡片的旁边。重复进行更高阶的分组和命名过程。

关系图解化：以画圈等方式将内容紧密相关的群组并在一起，加上标题或连接线表示相互之间的关系。可根据需要调整分组和排列。

结论叙述化：围绕最后形成的图解成果，经参与者讨论或会后专家研讨，形成总结报告，提出解决问题的方案或实施路径。

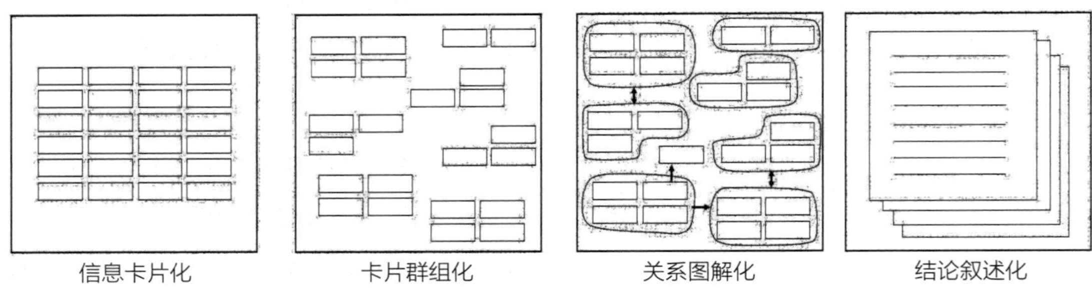

成果形式

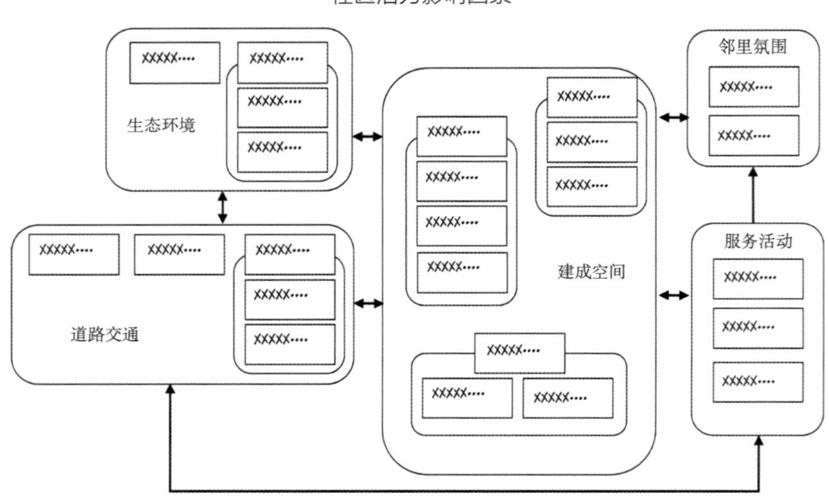

案例：神户城市建设研讨会之“城镇居民工作坊”*

项目地点

日本神户市兵库区。

项目背景

神户市兵库区城市建设推进部城市建设课为了在城镇建设中提高居民参与积极性、反映居民切身感受，让居民共同参与到兵库区未来发展计划的想象与制订中，在制订“兵库区计划（2016—2020）”的过程中，于2015年7月策划并举办了“城镇居民工作坊”，运用KJ法倾听居民声音，将居民意见作为未来兵库区城市发展建设的重要依据。

活动内容

活动开始前，主办方从兵库区居民中随机抽取约500人，发送招募通知。最终，有13名居民、11名政府人员和2名专家顾问参与了为期半天的“城镇居民工作坊”活动。

首先，工作人员为参与者发放活动资料，组织参与者制作名牌和自我介绍卡。主持人说明活动流程，进行破冰游戏，每位参与者使用自我介绍卡向所有参与者介绍自己的名字、住所、居住年限，分享区内喜欢和不喜欢的地方等。

参与者分为3个小组，各组围绕“安全、安心”这一共同主题，并分别聚焦“生活环境”“热闹”“福利”中的一个子议题进行讨论。

参与者将“优点和未来发展”写在蓝色便利贴上，将“缺点和改善方案”写在红色便利贴上，将“为了让城市变得更好自己能做的事”写在绿色便利贴上。对所有便利贴进行分类整理，并加上小标题，形成小组讨论成果。

每组派一名代表上台向所有参与者分享小组总结的讨论成果，所有参与者围绕其发言内容进行提问和交流。

工作坊得到的意见和想法作为“兵库区计划”（2016—2020）制订过程中的基础资料，被纳入未来城市建设的考量内容。

---

* 本案例资料根据 http://www.everfield.co.jp 翻译整理。

4.10 社区议题板

社区议题板（Community Board）以展板的形式，借助文字、图表、照片、地图等提供社区相关议题的信息，并收集参与者的感受、想法、意见和建议。

可使用室内或室外场地，尤其适用于开放日、社区市集等各类开放性活动中。

工具特征

阶段分类

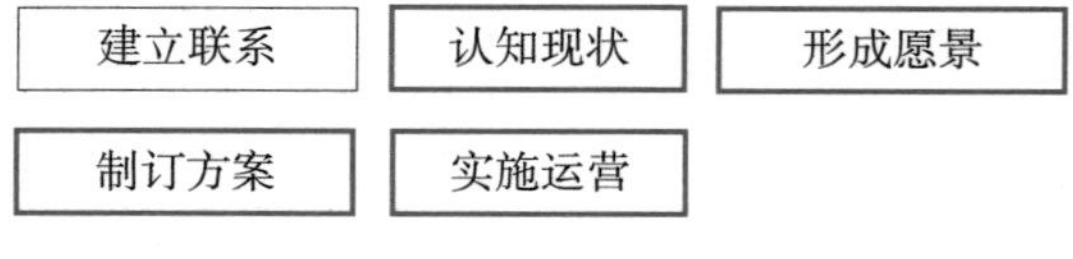

适用人数

≤ 50 人 | 51–100 人 | ≥ 101 人

实施时间

≤ 0.5 天 | 1 天 | n 次 /n 天

组织难度

低 | 中 | 高

物料成本

低 | 中 | 高

目标与特点

（1）通过简洁的文字、形象的图片等形式展示社区议题的相关信息，引发参与者的思考、讨论和意见表达。

（2）以易于操作、互动的方式收集参与者对于特定议题的具体意见，同时通过实时呈现，吸引更多群体的关注，并启发他们的思考。

温馨提示

（1）展板前应配备工作人员，可随时根据需要对议题背景、活动目的、展示内容进行介绍，并在参与者有疑惑或遇到操作性问题时及时提供帮助。

（2）版面设计尽量清晰简洁、图文并茂，可运用颜色和图标使版面更具亲和力。

（3）多运用生活化、启发性的词句，引发参与者的兴趣和思考。

（4）展板的尺寸和上面的图示、文字等不宜过小，便于多人同时进行阅读、留言等。

（5）注意展板的放置高度，过高将不利于儿童的阅读和操作，过低可能造成老人弯腰、下蹲等行为不便。

工具形式

根据具体问题，议题板上的内容呈现可以采取不同的形式，主要包括方案投票型、意见征集型、地图标示型等。

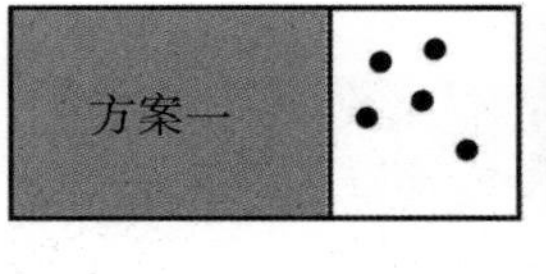

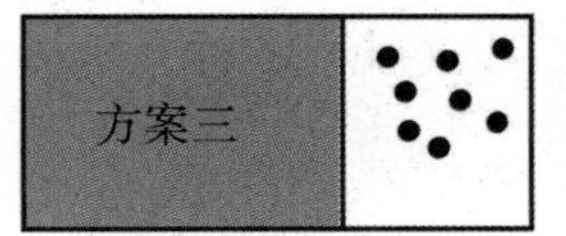

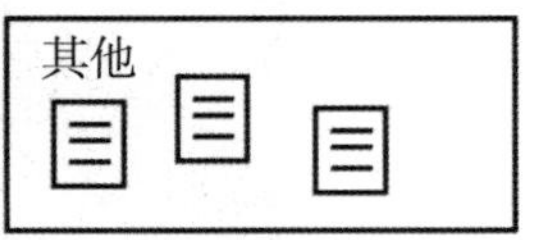

方案投票型：用彩色贴纸对理想场景或可选方案进行投票，并用便利贴收集更多建议

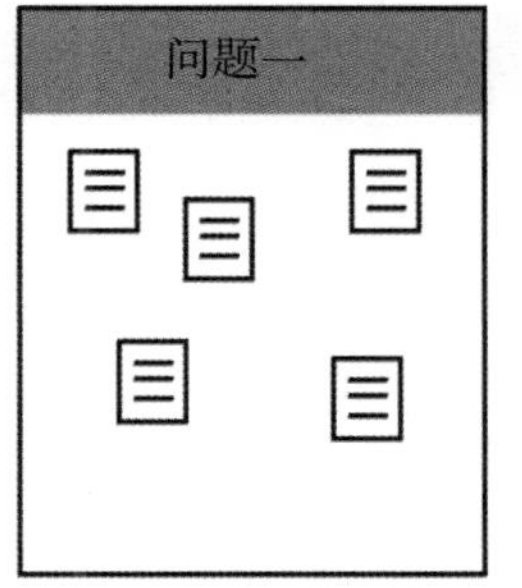

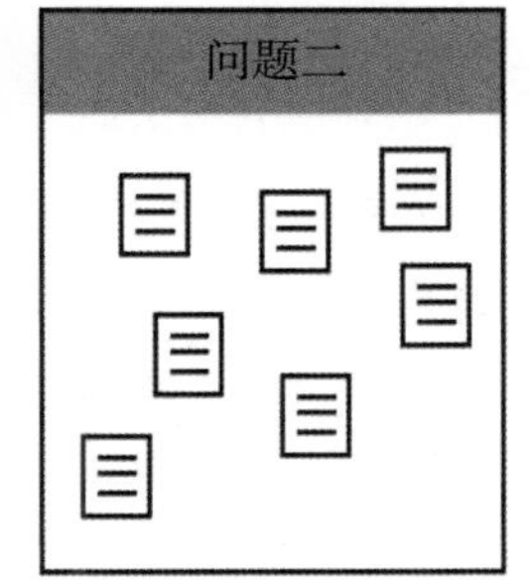

意见征集型：用便利贴收集居民对具体议题的想法和意见

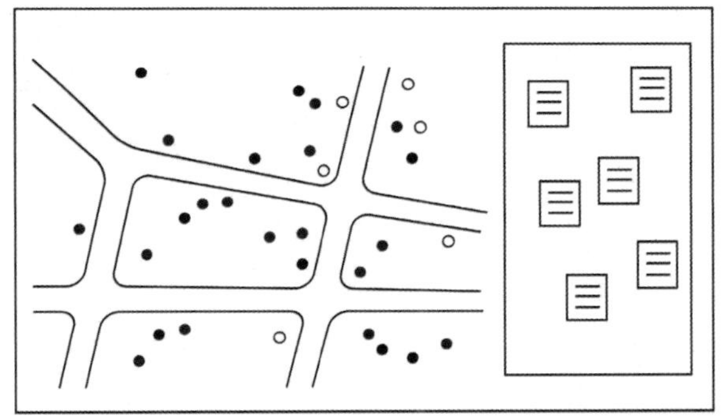

地图标示型：用彩色贴纸在社区地图上标示出特征要素、主观评价等信息，并用便利贴补充说明

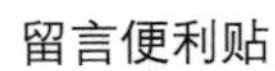

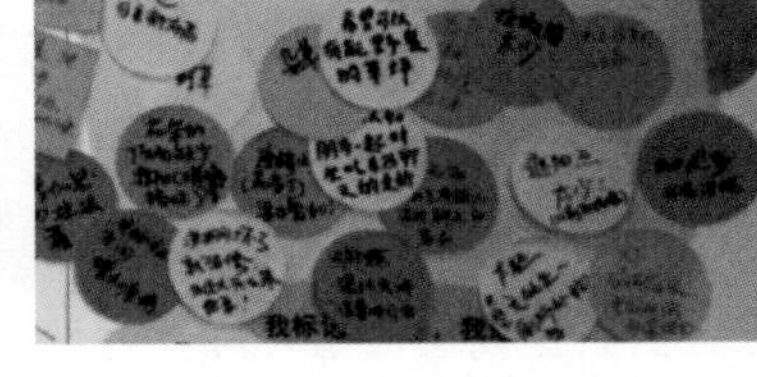

投票贴

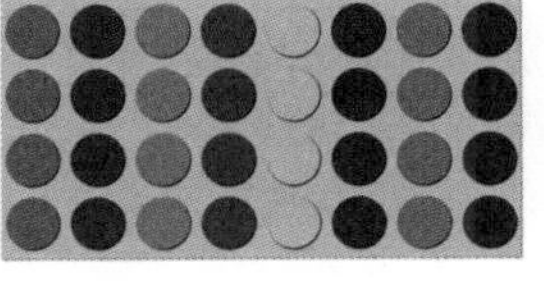

表情贴

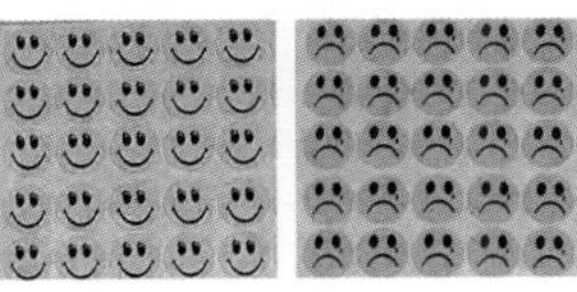

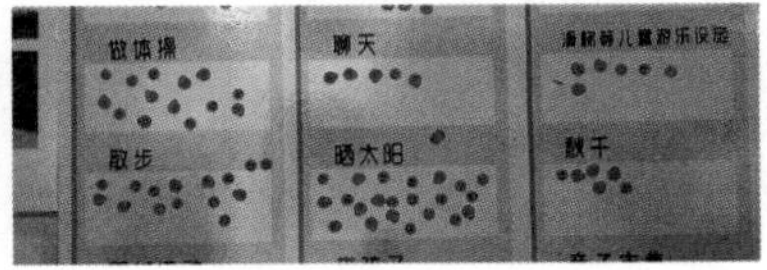

案例：北京阳光南里三角地改造

项目地点

北京市海淀区清河街道阳光社区。

项目背景

阳光南里小区中心有一块三角形绿地长期处于荒置状态，同时小区居民缺乏可供活动、休憩、交流的公共空间。社区两委通过组织议事委员、居民、物业的多次讨论，决定将三角地改造为居民公共活动的场所。在清河街道办事处和阳光社区两委的支持下，“新清河实验”课题组通过社区调研、居民访谈、公众咨询、联席会讨论、居民参与设计等持续性的公众参与环节，发动居民对公共空间展开关注、思考和展望，让更多居民参与到三角地的改造提升工作中。

2015 年 10 月，课题组和居委会共同组织社区开放日，整合三角地改造需求征集和社区 Logo 评选、亲子市集等多项活动，吸引众多居民、社区和物业工作人员等积极参与，并通过社区议题板广泛征集公众关于公共活动需求、广场改造方案、社区 Logo 评选等的意见，进而整理、优化形成社区更新的系列方案。

活动内容

（1）社区 Logo 征集方案投票

提前向居民广泛征集社区 Logo 设计方案。在开放日当天，优选入围方案进行展示，设计者现场解读设计理念，鼓励和引导参与者用彩色贴纸在空白处投票，选出最喜爱的 Logo 设计方案。

（2）社区公共空间使用情况和喜好调查

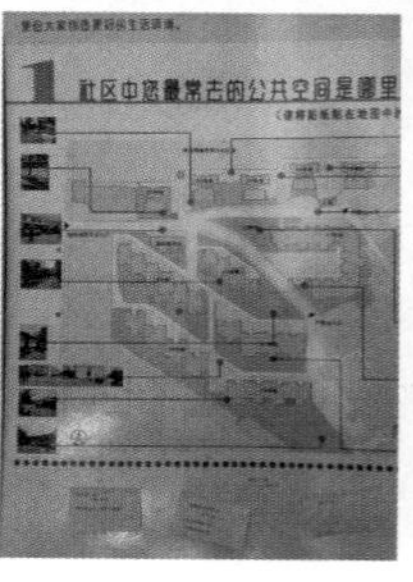

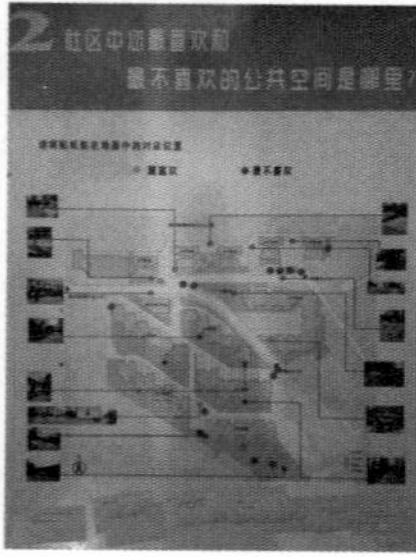

通过展示社区总平面图，并辅以重要空间节点的实景照片作为补充信息，邀请参与者用不同颜色的贴纸标示出自己在社区中最常使用的公共空间、最喜欢的和最不喜欢的公共空间，并在旁边用便利贴注明原因以及在公共空间内最常进行的主要活动等内容。

（3）社区问题调查和公共空间改造方案意见征集

在展板上列举出一些社区中需要改善的问题，引导参与者用贴纸进行投票，并用便利贴写出未被列出的其他问题。

以设计方案平面图、场景透视图等形式展示三角地改造的初步方案，邀请参与者用便利贴记录对设计方案的意见与建议。

（4）社区公共空间活动需求调查和墙绘方案评选

在展板上列出社区内常见的公共空间活动类目，配合场景图片辅以形象说明，引导参与者在对应类目框以贴纸的方式选出最希望进行的活动类型。同时，设置“其他”类目框，请参与者在便利贴上详细写出未被列出的其他活动内容，并贴于框中。

将三角地旁一栋住宅楼宇的立面墙绘方案设计图一并展示出来，请参与者用贴纸投票，选出最喜欢的方案。

工作人员在各块议题板旁向参与者介绍议题板的内容，并随时提供问题解答，协助参与者表达意见。

在各投票环节参与者每人一票，激发了大家高昂的参与兴致，年幼的孩子也乐于加入其中。

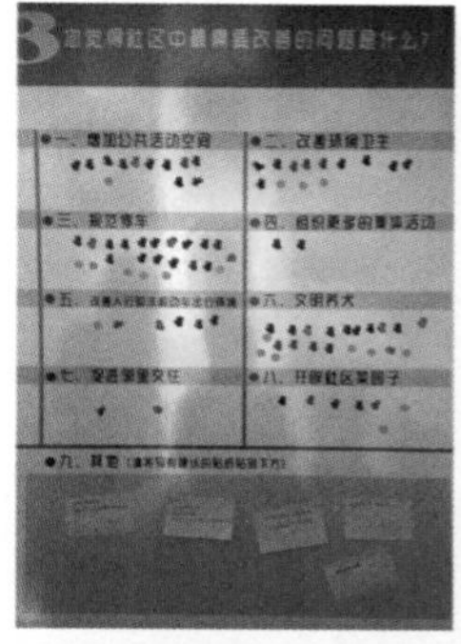

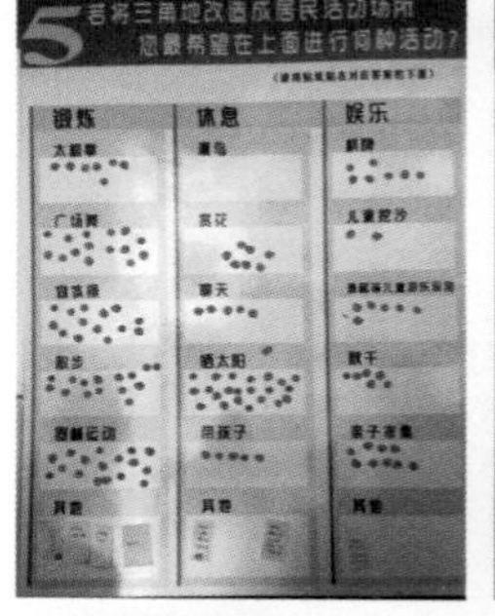

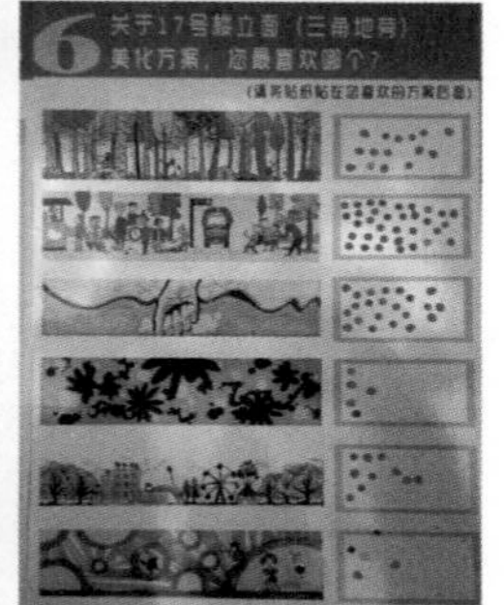

4.11 规划真实模拟

规划真实模拟（Planning for Real）邀请居民共同搭建社区或重点改造区域的三维实体模型，并通过在模型上插入记录标签等，标注问题点、改造愿景或改进建议。模型可长期放置在社区中心、社区规划工作站等场所，供社区居民和其他利益相关者随时参观以及提出建议。

此工具形式最早于 20 世纪 70 年代末在英国社区规划工作中使用，现常用于英国法定的邻里规划制订过程中，并已在全球得到广泛使用。

工具特征

阶段分类

建立联系　认知现状　形成愿景

制订方案　实施运营

适用人数

≤ 50 人	51–100 人	≥ 101 人

实施时间

≤ 0.5 天	1 天	n 次 /n 天

组织难度

低	中	高

物料成本

低	中	高

目标与特点

（1）以三维实体模型为基础，通过将关注问题或改造建议放置在相应的位置，以直观的方式将社区现状与改造愿景、提案并置呈现，促进参与者建立起对于社区问题、改造提案与真实场景之间的关联认知。

（2）通过长时间的模型展示，为更多的人群参与意见的表达提供机会，有利于更全面、充分地收集社区相关问题和需求。

温馨提示

（1）需要规划师或社区工作人员等在场，向参与者答疑解惑。

（2）模型搭建和初次意见收集后，宜在固定场所进行较长时间（数周至数月）的展示，并持续开展意见收集。

（3）三维模型可能需要在不同场地使用和展示，搭建时应注意方便拆装和移动。

（4）注意三维模型的比例大小和表达精度，最好能让参与者方便地识别到自己的住所和常去场所的位置。

（5）三维模型可由工作人员事先准备，但更鼓励居民共同参与搭建。这将有利于提升他们对社区环境的认知，增进归属感和认同感。

工具形式

在社区或目标区域的三维模型基础上，用卡纸、便利贴、立牌等道具记录参与者关于社区问题、愿景、改造提升行动的想法，可用颜色、图标、照片等进行辅助表达。

活动流程

组织模型搭建活动。主持人介绍活动目的和任务，参与者在工作人员的协助下搭建、组装社区三维模型，可先从参与者熟悉的地方开始。

模型搭建完成后，可放置在社区中心等公共场所，向更多的社区居民和公众进行宣传。

结合工作坊活动，引导参与者通过在相应区域放置立式便利贴、卡片等形式，表达所关注的社区问题或改造提升的需求、愿景。根据需要，可长期、多次举行类似活动。

整理收集到的意见和提案，在此基础上确定核心议题和优先事项，作为制订行动计划的参考。

成果形式

案例：梅德斯通帕克伍德邻里行动计划 *

项目地点

英国梅德斯通市（Maidstone Borough）。

项目背景

梅德斯通市的可持续社区战略“梅德斯通 2020”指出，该市内部分地区面临经济衰退、居住环境质量较差等问题。2009 年 4 月，市议会及其合作伙伴成立了一个邻里规划工作组，

* 本案例资料根据 http://www.planningforreal.org.uk 翻译整理。

研究解决这些问题的最佳路径，并与当地居民一起制订邻里规划。同年 7 月，工作组决定使用“规划真实模拟”方法促进公众参与，并委托第三方机构在帕克伍德（Park Wood）邻里进行试点。

帕克伍德是一处建于 20 世纪 70 年代的社会住宅区，位于梅德斯通的南部边缘地带，大部分是一居室和两居室的公寓，当前面临居住人群快速流动、社区空间更新等发展挑战。

活动内容

2009 年 9 月和 10 月，第三方机构通过参加社区活动、会见当地团体、入户调研，以及与市议会和公共机构进行讨论，与社区居民和利益相关者建立起联系。其间，10 名当地居民表达了成为志愿者的兴趣。通过举行第一次志愿者会议，参与者相互认识，并了解到更多关于该项目和“规划真实模拟”操作方法的信息。

“规划真实模拟”是一个由社区主导的过程，旨在培养当地关键行动者的技能，协助更多群体在参与过程中发挥积极作用。第三方机构提供了两次培训课程，帮助居民学习如何制作三维模型、组织活动、记录建议、整理并确定优先事项，以及参与制订邻里行动计划。

邻里规划工作组与居民志愿者小组共同组织了一系列共 20 次的“规划真实模拟”活动，将模型组件带到帕克伍德邻里内不同的地点，面向社区不同群体举办活动（如在当地中、小学面向青少年的专场活动）。

活动开始后，先由工作人员介绍活动目的和流程。参与者分组，每组 4–6 人，分别负责搭建不同区域的模型。模型搭建完成后，参与者使用准备好的卡片，记录意见和建议，并放置到模型中相应的位置。

20 次活动共产生了 2820 条意见和建议。邻里规划工作组对所有活动所记录的建议进行分析，总结出三个方面的主要议题，并围绕每个议题分别举办居民和利益相关者研讨会，展开深入探讨。

基于模拟活动收集到的意见、建议和研讨会的成果，邻里规划工作组制订了帕克伍德邻里行动计划草案，形成了 14 个具有高优先级的短期行动清单。

工作组组织了一场展示邻里规划工作成果的展览，并在两个不同的地点展示模拟活动所搭建的三维模型，模型上放置标示了拟提供设施或服务的卡片。再次邀请参与者使用标注了短期行动的卡片，将其放置于认为最应采取行动的地点。

展览结束后，收集、整理参与者提出的意见，为邻里行动计划的进一步修改和深化提供参考。

4.12 线上公众参与工具

线上公众参与工具（Online Engagement Tool）指借助互联网平台或移动客户端，通过众包的方式让社区成员成为社区相关内容的生产者，实现社区社会空间数据收集、居民日常生活状况调查、公众意见咨询、协作设计等功能，进而辅助社区规划决策。

社区规划中常用的线上公众参与工具类型包括开放论坛、互动地图、协作设计、项目综合等，可以是一次性使用，也可以是多次使用或长期运行。

工具特征

阶段分类

建立联系　认知现状　形成愿景　制订方案　实施运营

适用人数

≤ 50 人	51–100 人	≥ 101 人

实施时间

≤ 0.5 天	1 天	n 次 /n 天

组织难度

低	中	高

物料成本

低	中	高

目标与特点

（1）依托互联网平台和实时交互技术，降低时空、场地、天气等条件的影响，以多频次参与的相对低成本方式，为多元群体提供更广泛、更便捷的参与机会。

（2）通过线上地图、三维影像、虚拟现实等技术，为参与者提供更直观、更形象的场景展示与体验，以获得更贴近使用者真实需求的信息反馈。

温馨提示

（1）存在一定的使用门槛，尤其是对于不太熟悉互联网工具的群体（如老人、儿童等），界面设计应尽量简洁友好、易于识别。

（2）社区规划通常会涉及空间要素，因此工具中宜嵌入相关地图和空间信息。

（3）由于线上工具相较于线下活动通常缺乏参与者和组织方之间实时互动的过程，信息的传递可能会有偏差或遗漏，因此任务描述应尽量具体、明确，并在问题或意见征集部分设置开放性填答区域，使参与者能够更详细、准确地表达诉求。

（4）对于参与者的留言和提议，宜及时予以回复，并进行阶段性总结或信息反馈。

（5）进行成果总结时，应注意评估参与群体的广泛性和代表性，并提出进一步优化参与机制和工具设计的改进建议。

工具形式

线上公众参与工具形式多样，按照功能特征主要分为以下四种类型。

1. 开放论坛类

围绕社区公共事务，为相关讨论与行动提供信息分享与反馈的平台。提出议题并发布相关信息，广泛征集意见和建议，鼓励各方对提出的意见和建议进行讨论并进行优先级排序，从而支持最终的决策和实施。

2. 互动地图类

借助交互式的地理信息平台，围绕特定议题，邀请参与者标注、上传与特定地点相关的感知评价、特征要素、主要问题、意见建议等，并及时对信息进行收集、整理、展示与讨论。

3. 协作设计类

围绕特定规划设计议题，广泛征集设计提案，或征询对已有规划设计策略的想法和改进建议。可邀请参与者以文字、草图、照片、视频等形式上传设计提案，或针对可选方案进行投票，提出评价和修改意见。

4. 项目综合类

围绕项目发起、策划、实施、评估的全过程，通过线上综合平台，面向多元利益相关群体进行信息公开、提案征集、议题讨论、方案评价、问题答疑、意见征询和实施评估，并可结合线下活动进行预告、宣传和总结。

案例（开放论坛类）：盐湖城公共交通总体规划公众参与 *

项目地点

美国盐湖城（Salt Lake City）。

项目背景

公共交通是盐湖城交通网络的重要组成部分。盐湖城公共交通总体规划围绕服务、交通设施投资、相关项目和政策等内容，制定了未来 20 年的愿景和行动计划。规划编制过程中需要对盐湖城市民整体出行模式进行全面审视，以确定满足潜在乘客需求的公交线路和站点布局，并识别出现有交通状况需要改善的区域。2016 年，盐湖城交通部门通过 Open City

* 本案例资料根据 https://opengov.com/products/reporting-and-transparency/open-town-hall/ 翻译整理。

Hall 线上平台邀请市民围绕公共交通规划中的相关议题进行讨论，并对初步草案提出意见和改进建议。

活动内容

在 Open City Hall 平台发布议题和相关信息，通过政府官网、社交媒体、邮件等渠道邀请市民参与讨论，市民可在相关议题下方进行评论和投票。同时在市交通部门办公处准备相应内容的纸版文件，供市民查阅和咨询。

在活动过程中，每位参与者都可实时看到议题讨论的参与情况和意见分布，例如哪些街区产生的意见数较多，哪些街区参与讨论的人数较多，哪些提案的得票数较多等，实现参与过程的公开透明，并进一步激发市民的参与兴趣。

开放讨论截止后，相关工作人员对平台收集的意见等信息进行整理和分析，并对公众参与情况进行评估。

案例（互动地图类）：北京“路见清河”公共空间改善提案征集

项目地点

北京市海淀区清河街道。

项目背景

清河街道地处近郊地带，近年来共享单车乱停、管理失序、阻塞交通等现象频繁出现，给城市治理带来了种种隐患。针对此问题，清河街道办事处联合清华大学“新清河实验”课题组、宇恒可持续交通研究中心、海淀区社区提升与社会工作发展中心，于 2017 年 8 月，基于“路见 PinStreet”公众互动平台，开展了“路见清河”共享单车停放与公共空间改善提案有奖征集活动，广泛收集居民对清河地区共享单车停放和公共空间相关问题的意见和改进建议，进而与提案人、专家学者、相关部门和企业代表共同研讨优化机制。

活动内容

提前发布活动预告，并在居民聚集的社区中心、商场门口等人流密集活动场所进行线下推广。

参与者通过扫描二维码进入“路见 PinStreet”小程序，在街区地图上通过选取具体空间点位，选择对应的问题模块，并输入具体问题描述和改进建议。

在为期两周的活动期间，共有 1691 人关注，1430 人参与提案，获得有效提案 1650 条，包括 947 条共享单车停放提案和 703 条公共空间改善提案。

对提案的空间分布进行分析，识别出清河街道内共享单车停放问题突出、公共空间亟待改善的重点区域。

对提案内容进行语义分析，梳理并总结出关于共享单车停车选址以及公共空间改善的相关建议。

在分析结果的基础上，制订共享单车停放和公共空间优化方案。举办“路见清河”沙龙活动，邀请专家学者、相关部门和企业代表等共同参与，为优秀提案和表现突出的提案人颁奖，并围绕共享单车停放和公共空间改善问题进行对话研讨。

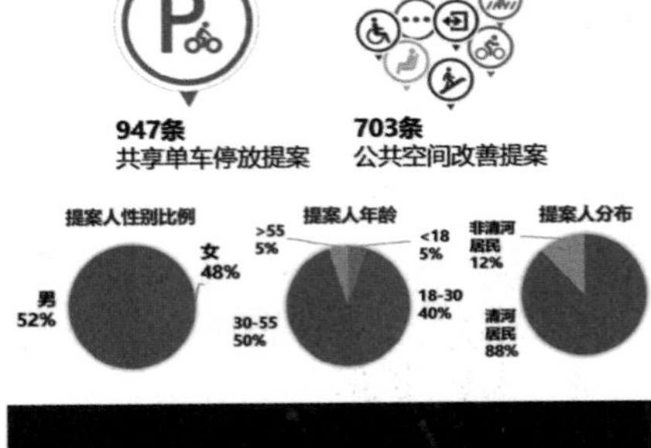

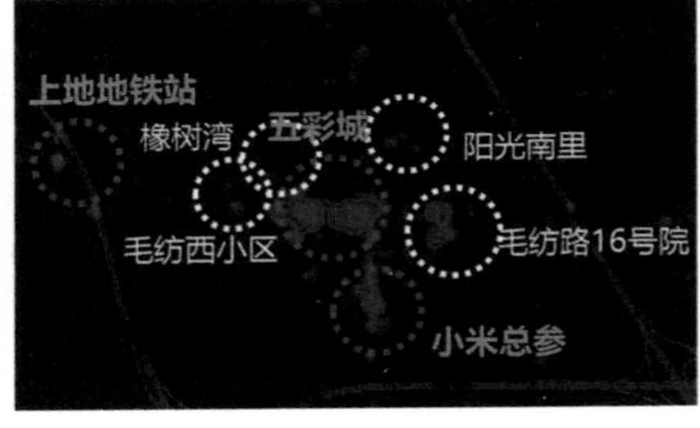

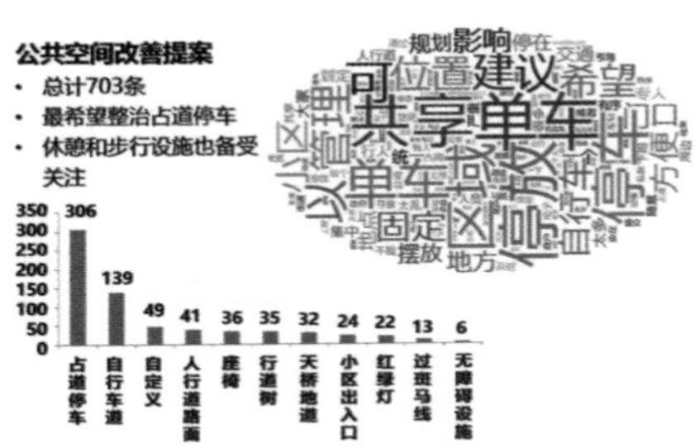

案例（协作设计类）：塔霍“US50/ 连接南岸”社区更新计划 *

项目地点

美国南塔霍湖市（South Lake Tahoe）。

项目背景

美国 50 号高速公路沿线从内华达州州界到加利福尼亚州南塔霍湖段的更新计划（简称“US50/ 连接南岸”社区更新计划）是一个两州协作的社区发展项目，旨在缓解 50 号高速公路的交通拥堵对塔霍湖周边环境、社区生活质量和游客体验带来的不利影响，以改善该地区的生态环境，增强经济活力。塔霍交通区（Tahoe Transportation District）和北内华达交通联合会（Northern Nevada Transportation Collaborative）围绕交通系统优化、主街管理规划、可支付住房、邻里和社区改善四个主要议题，通过 Crowdbrite 线上平台向公众征集意见。

* 本案例资料根据 https://www.crowdbrite.com；https://www.tahoetransportation.org/projects/us50-southshore-community-revitalization 翻译整理。

活动内容

在主街管理规划部分，聚焦街道空间环境，通过 Crowdbrite 线上平台向社区成员征集设计提案和想法。参与者可在街道三维影像的基础上，通过上传文字、照片、草图、视频等方式表达关于街道空间设计的想法。

在对设计提案和想法进行初步整理筛选之后，提出街道更新设计的若干选择方案，在平台上向公众进行展示，征集意见和投票，最终选出最利于创造安全且有活力的街道环境的方案。

案例（项目综合类）：旧金山南中心区设计和活化 *

项目地点

美国旧金山市（San Francisco）。

项目背景

旧金山南中心区设计和活化项目旨在为越湾交通站（Transbay Terminal）和林孔山（Rincon Hill）周边社区内公共空间的设计、实施和管理制订一个全面的愿景，并在此过程中探索一个具有可实施性的设计方案，以创建充满活力的街道和开放空间，支持高效的交通运营，为居住、工作和到访该地区的人们提供优质的生活体验。旧金山市规划部门和东切社区利益区（The East Cut Community Benefit District）合作，将规划制订工作与社区的需求和愿望密切地联系起来，以为社区提供更有凝聚力的发展战略。

活动内容

2017 年 8 月，该项目的公众参与活动启动，项目组织方通过 Neighborland 线上平台发布项目背景信息、设计方案、实施进程等，公众可对其进行评论、咨询。

项目规划和实施过程中，相关部门（如旧金山市政交通部门等）根据进展和实施要求，在平台上发布相关议题，向公众征询意见和反馈。

居民、社区组织等还可围绕自身对项目的关注点，在平台上发起讨论、提案，其他感兴趣的社区成员可以随时参与讨论或投票。

在街区总体城市设计阶段，通过平台上的互动地图，向公众征集关于社区空间环境的主要问题，以及改善的建议和想法。

在具体街道和空间节点设计阶段，通过在平台上展示设计地段的三维空间影像，公众可在其上直观地标示出问题点位，提出改进的设计想法和提案。平台实时更新展示各个提案，公众可进行投票，对相应的提案表达支持或提出评价意见。

将线上公众参与和线下活动相结合。活动前在平台上发布活动预告和背景信息，进行活动宣传；在活动后发布活动总结，以便没有参与活动的公众了解相关情况。

---

* 本案例资料根据 https://neighborland.com；https://sfplanning.org/southdowntown 翻译整理。

5 共创产出类

总体介绍

共创产出类的工具是通过邀请居民、商户等社区相关主体共同参与社区议题的创作过程，形成具象化的产出成果，增进他们对社区的归属感。

产出的成果可以是软性的文化类产出，如地图、刊物、戏剧等，也可以是空间类的产出，如共建社区花园等。

其共同特征是在共创活动的过程中，注重对社区的培力与赋能，让参与者通过协作式实践，形成具有一定专业性的集体产出，增进相互联系和认同。

5.1 社区刊物

社区刊物（Community Magazine）指在地居民发现和记录社区故事，通过参与选题策划、故事采访、照片视频记录、手绘插画、编辑校对等工作流程，以线上或线下的载体呈现的共创成果。通过持续共创社区刊物，有助于形式关心社区的稳定社群，持续记录本地魅力故事并对外分享。社区刊物也是一种地方品牌的体现。

工具特征

阶段分类

建立联系	**认知现状**	形成愿景
制订方案	**实施运营**	

适用人数

≤ 50 人	51–100 人	≥ 101 人

实施时间

≤ 0.5 天	1 天	**n 次 /n 天**

组织难度

低	**中**	**高**

物料成本

低	**中**	高

目标与特点

（1）激发社区居民记录并分享有趣的在地故事，发掘社区达人等多种社区资源。

（2）让生产刊物的过程成为一个地方营造的过程、一个“共创社区刊物”自组织培育的过程。

温馨提示

（1）打破“这是一件专业的事情”的想法。做社区刊物的主要目的不是为了做一本有市场竞争力的读物，因而在文字表达和设计排版上不需要有太大压力，如有经验者参与固然很好，但实际上，孩子也可以参与制作社区刊物。

（2）根据可投入的人力、资金、时间等因素确定刊物成果形式。初次尝试可以借鉴类似的参照样本，从简单、易达成的目标开始。

（3）过程和最终成果同样重要。要重视并充分利用居民共创社区刊物的过程，让参与者获得参加社区项目的有趣体验并收获相关能力。同时在创作过程中发掘新的社区资源，激发新的社区关系。

（4）实践初期，可以通过低成本在较短周期内产出“不完美”的刊物成果，并在社区内进行宣传。这往往更容易吸引新的参与者加入后续的共创活动。

活动流程

1. 招募信息发布

项目发起者通过线上、线下等方式招募共创团队所需要的伙伴。

2. 共创者见面

根据具体任务进行分组，各组确认分工，选出组长，在组内进行头脑风暴，确认每组行动的方向。

3. 选题确定

主要由编辑和记者参加，确定刊物主题方向（也可以通过共创的方式和更多伙伴一起确定），以及该主题下具体的选题。

4. 小组讨论（可选项）

根据小组分工，形成品牌营销小组、设计小组、新媒体小组等。各组组长召集小组讨论，商议行动计划。根据实际需要决定是否发起小组讨论会，可以与故事采编平行进行。设计小组和采编小组之间保持密切的沟通。在采编进行前以及完成后，都适合发起设计讨论会。

5. 故事采编

选题确认后，记者分别认领采编任务，并在指定时间内完成稿件。编辑可以发起稿件讨论会，或与记者进行一对一修改反馈。

6. 排版与发布

刊物所有版块的稿件都完成后，同步进行校对与排版设计。最终，稿件完成多轮校对与内容确认后，进行正式发布。

7. 分享与庆祝

刊物正式发布后，可以进行线上、线下的传播，并与共创伙伴进行庆祝。

成果形式

案例：上海《新华录》第 4 号“生活是个圈”

项目地点

上海长宁区新华路街道。

项目背景

《新华录》是一本由新华路街坊参与共创、与街区共同生长的地方生活志，也是一本记录在地魅力故事的非营利性的街区刊物。2018 年，在“城事设计节”的契机下，大鱼营造联合设计媒体“设计食堂”与非虚构写作平台“三明治”共同推出《新华录》创刊号，同时发布刊物共创者的招募邀请。2019-2021 年，在新华路街道办事处的支持下，“《新华录》刊物共创计划”以项目制形式持续运转，以每年一刊的频率累计推出 3 期刊物，积累的共创社群达 100 多人。

2021 年，正值新华路街区深化建设 15 分钟社区生活圈的关键之年，《新华录》第 4 号主题定为“生活是个圈”。人们依循自己的爱好，在街区内结成各自不同的社群，发展出缤纷的兴趣圈层，如美食圈、文艺圈、宠物爱好者圈、运动圈、咖啡圈、夜生活圈等，第 4 号主题内容以这些趣缘圈层作为选题线索展开。

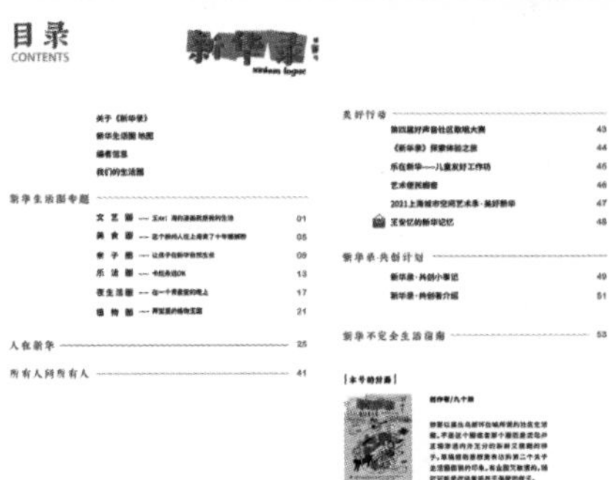

目录
CONTENTS

活动内容

（1）共创小组分工

主编（1 人）：负责选题策划、编辑与审稿。

采写组（5 人）：负责找选题并进行采访写作、文章校对。

设计组（3 人）：负责刊物排版、插画设计。

记录组（6 人）：负责故事影像记录“人在新华”栏目内容。

营销组（4 人）：负责助力线上、线下的推广。

新媒体组（2 人）：负责策划线上内容，运营《新华录》公众号。

(2) 刊物的主要栏目

①街区地图：通过组织“地图共创工作坊”，邀请街区内不同趣缘圈的 20 多位代表，分享其生活必达点位，共同形成“新华生活圈地图”。

②生活圈故事：选取来自美食圈、亲子圈、植物圈、文艺圈、乐活圈的代表人物进行特稿采写，每位记者认领一个故事采写任务。

③人在新华：这是一个用照片 + 简短文字的形式介绍街区人物的专栏，由记录组分工完成。接受采访的人物有商户老板、门卫大叔、社区工作者、种植达人等。

④所有人问所有人：设置一个和街区有关的问题，如“你觉得街区最大的变化是什么？”。并通过线上、线下的方式征集来自不同街坊的回答。

⑤美好行动：征集近期或定期发生的街区美好行动，通过对行动内容及其发起初衷的分享，吸引更多人在未来参与或在身边发起美好行动。行动内容可以是发现街区的魅力、鼓励街坊的参与、探讨多元的公共议题，以及分享丰富的生活方式等。

⑥共创板块：包含“共创小事记”“共创者介绍”两部分内容，向读者呈现刊物共创背后的过程和人物。

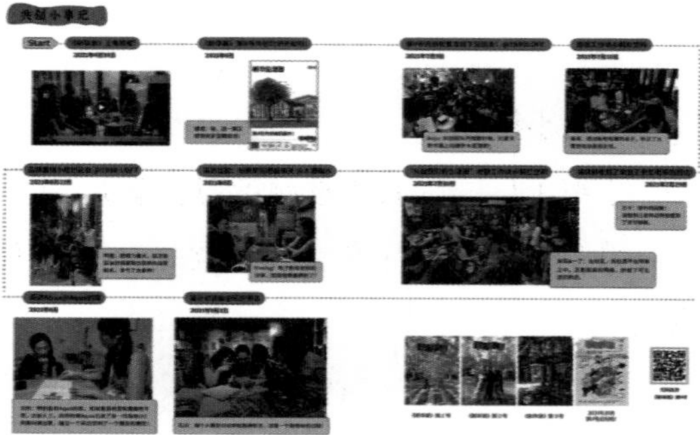

⑦新华不完全生活指南：为街区居民和游客提供多元、清晰的生活指南，主要包括便民服务点位、美食点位、社区办事点位、休闲娱乐点位四大类。

5.2 街区主题地图

街区主题地图（Map Our Neighborhood）指邀请参与者进行不同主题的街区地图的共创，增进参与者对街区的理解与共识，形成能反映街区某方面魅力的资源地图。街区地图的主题选择灵活多元，如达人地图、美食地图、植物地图等，无论哪种都能激发大家发现身边街区的有趣之处或议题，从而建立并强化大家与街区的关系。持续进行这样的共创和产出，可以记录一个地方的变化，并为居民和外来访客提供了解社区的素材。

工具特征

阶段分类

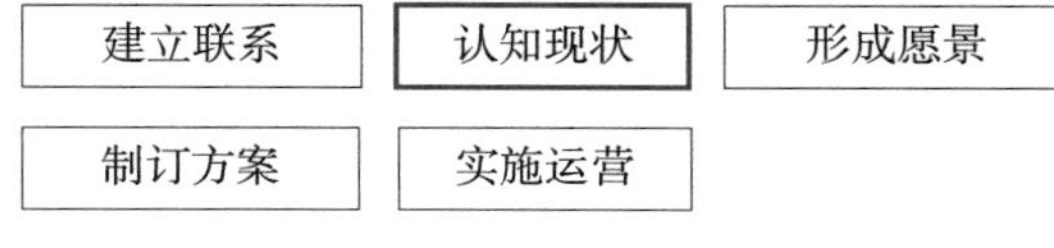

适用人数

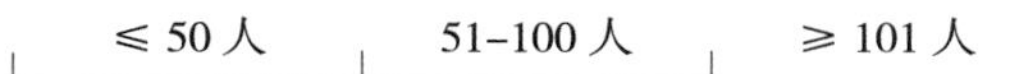

实施时间

≤ 0.5 天 | 1 天 | n 次 /n 天

组织难度

低 | 中 | 高

物料成本

低 | 中 | 高

场地与设备

（1）场地：室内 / 外空间，桌椅可移动布置。

（2）设备：成果展示墙 / 板、投影 / 显示屏等。

目标与特点

（1）发现街区资源，形成基于本地化视角的主题性街区资源地图，并传播分享。

（2）促进多种角色或不同年龄层的参与者对身边资源的认知与共享。

（3）参与过程中，增进不同群体间的交流，加深他们对地方场所的认同感。

温馨提示

（1）选取共创地图的主题时，可以参考以下方向：地图的应用场景和受众、参与者的画像、街区的魅力点或热门议题等。

（2）如果主题属于较为抽象的概念（如可持续社区），主持人应先对其进行充分阐释，或邀请对主题熟悉的专业人员参加共创。

（3）尽量邀请对主题较为熟悉、有不同视角的参与者，并请他们围绕点位及相关信息提前做一些准备工作。

（4）踏查调研为可选环节，可根据共创地图的主题以及参与者对其的熟悉情况，判断是否要进行。

（5）宜邀请负责地图最终成果制作的设计师全程参加共创过程，增进其对点位的理解，提升地图成果的视觉呈现效果。

活动流程

1. 选择主题

根据主办方的策划重点和社区实际情况，确定共创地图的主题。必要时也可以进行主题预调研和踩点。

2. 开场预热　　15–30 分钟

组织破冰游戏。参加者按每组 3–5 人分组围坐，确定组长。主持人介绍活动目标、共创规则和活动流程。

3. 踏查调研（可选项）　　30–60 分钟

组长带领组员确定街区踏查路线与组内分工，每组可选择不同的路线进行点位调研。过程中注意影像记录，收集基础信息。

4. 组内共创　　30 分钟

各组回到室内集合地，分享踏查过程中的感受与观察结果，在地图上标记走访点位以及点位特点，根据需要进行点位筛选，并绘制完成小组的街区主题地图。

5. 成果分享　　30 分钟

每组派代表在大地图上进行点位标记与分享。所有代表分享完后，形成此次地图共创的主要点位。如果参与者还有补充意见或异议，则在现场讨论，并最终达成共识。

6. 地图制作（可选项）

根据主办方和参与者的具体需求，后续可以邀请设计师将共创成果制作成主题地图，并通过电子版或纸质版的形式与更多人分享。

成果形式

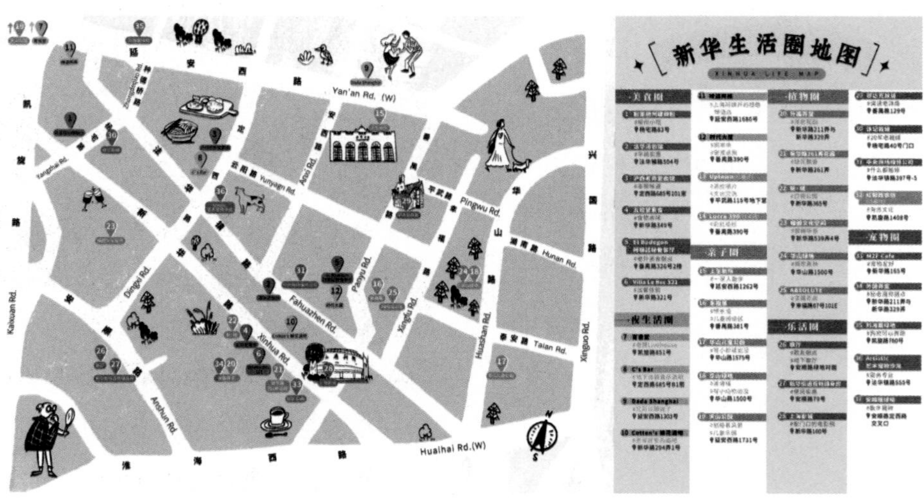

案例：上海新华路可持续生长地图共创活动

项目地点

上海市长宁区新华路街道。

项目背景

2019 年，在新华路街道办事处的支持下，大鱼营造发起“《新华录》刊物共创计划”项目，通过半年多的时间，招募了十多位伙伴参与刊物的内容共创。其中，街区地图是刊物重要的内容组成部分。在上海全面推动垃圾分类的大背景下，《新华录》第 2 号主题定为“可持续生长的街区”。通过两次地图共创工作坊，街坊们一起挖掘出街区里的可持续生活达人、有可持续理念的店家与支持可持续生活方式的活动据点，在地图上呈现出街区多元主体的活力与行动。

活动内容

（1）活动招募

提前两周发布活动预告，通过邀请与公开招募相结合的方式，召集了对议题感兴趣的约 20 位伙伴加入，并邀请参与者连续参加两场工作坊。

（2）点位挖掘

首场工作坊的目标为可持续点位与故事发掘。主办方组织参与者进行提前分组。破冰环节中，大家分享对“可持续”概念的理解，并完成自我介绍。主办方设定 4 条街区探索路线供小组选择，并提前为大家准备任务卡、问题卡和可持续点位卡。小组确定探索路线和组内分工后，出发调研。每个小组中，有人负责拍照记录，有人负责提问、沟通。踏查结束后，大家回到室内集合，各小组汇总调研成果，并与所有人分享。

（3）点位筛选

第二场工作坊的目标为筛选点位，达成共识。主办方为首次工作坊发现的点位制作评分卡，让每组成员从不同维度对各个点位进行打分，包括故事连接力、空间吸引力、街区连接力、可持续活力等。各组经过充分讨论后，和大家分享点位讨论结果。在主持人的引导下，参与者达成关于“街区可持续点位”的共识。

（4）成果分享

主办方对工作坊收集到的地图点位信息进行整合，发现存在点位不足的情况，进而在街区相关社群中发起补充征集活动。征集完成后，和设计师对接地图设计，最终定稿的地图收录于《新华录》第2号。

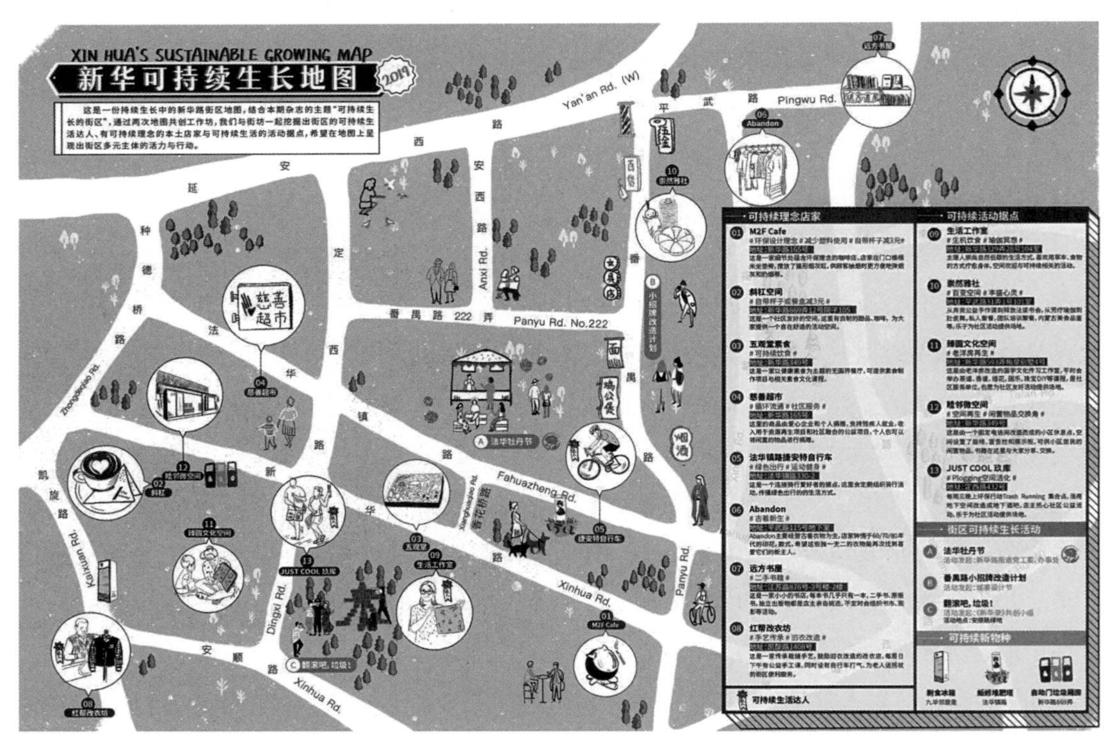

5.3 照片之声

照片之声（Photovoice）指围绕特定主题，收集和整理照片、视频等影像资料，并进行集中展示和讨论，以形象的方式记录和反映社区的特色要素、主要问题和参与者的关注点。可分为近期拍摄（又分为现场拍摄和限时收集）和长期跟踪两种记录方式。

其又名参与式摄影（Participatory Photography）。

工具特征

阶段分类

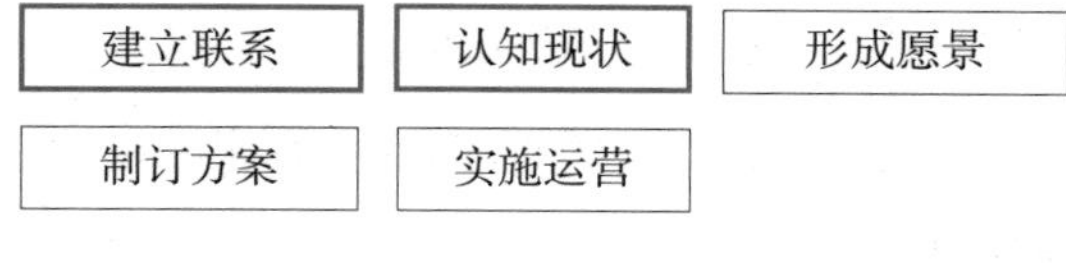

适用人数

≤ 50 人	51–100 人	≥ 101 人

实施时间

≤ 0.5 天	1 天	n 次 /n 天

组织难度

低	中	高

物料成本

低	中	高

场地与设备

（1）场地：室内空间。

（2）设备：照片展示墙、投影 / 显示屏、拍立得等。

目标与特点

（1）借助当地居民等多元主体的生活视角，真实、形象地记录和反映社区的优势、特色、问题或关注点。

（2）借助可视化工具，有助于促进参与者间更直观的交流。

温馨提示

（1）活动准备环节，任务主题应尽量具体、明确，方便参与者理解。

（2）照片征集环节，工作人员应提醒摄影参与者注意拍摄对象的隐私问题，并请参与者对每张照片配以简要的说明文字。

（3）交流讨论环节，鼓励以线下展示为主，便于全面展示和对照，有条件的可辅以电子屏幕进行展示。

活动流程

1. 活动准备

工作人员拟定活动主题（如关于社区特定空间场所、某类特殊群体的生活状况、社区发展议题等），明确活动形式（如现场拍摄、限时收集、长期跟踪等），招募社区成员作为摄影参与者。

2. 照片征集　　1–2 周

工作人员向摄影参与者介绍活动主题，布置拍摄任务，进行摄影指导，在指定时间内收集、整理照片。

3. 交流讨论　　1–2 小时

对收集、整理后的照片进行集中展示，召集社区利益相关者以及政策制定者、媒体、专家等共同参与。邀请摄影参与者介绍拍摄情境或图片故事，大家围绕照片内容进行交流讨论。工作人员记录相关信息、观点、故事，并进行成果整理。

4. 成果展览（可选项）

将照片及交流成果（如图片故事记录文字、音频等）面向公众持续展出。

照片征集　　交流讨论与成果展览

案例：摩特诺马健康社区项目 *

项目地点

美国摩特诺马郡（Multnomah County）。

项目背景

2006 年，摩特诺马郡卫生部门和朴次茅斯社区（Portsmouth Community）为实行慢性病预防计划成立了“健康饮食积极生活联盟”。

在联盟的合作伙伴北波特兰社区服务公司的推动下，2007 年春天，美国波特兰州立大学（PSU）学生开始与社区合作，在“社区促进补助金计划”的资助下，深入了解社区成员在健康饮食和积极生活方面的障碍，并探索改进建议。

2008 年 1 月，研究团队采用“照片之声”的方式，结合地理数据和地理信息系统（GIS）技术，探索社区健康生活的潜在物理障碍。

活动内容

摩特诺马郡卫生部门用了 1 年时间，向社区居民普及健康知识并与之建立信任。活动启动时，参与者已对健康影响因素等背景知识有所了解。

研究团队发布“照片之声”活动信息，布置拍摄任务，招募参与者。向参与者介绍摄影技术、相关概念和注意事项（如个人隐私、少数族裔、文化敏感性等）。

参与者围绕社区内影响健康的议题，选择身边对健康有潜在影响的空间要素进行拍摄，并在线上提交照片。

团队对照片进行收集、整理，并对外发布为期 6 周的讨论计划。讨论活动每周开展 1 次，每次招募 6–8 名参与者，包括拍摄者和联盟成员。

团队将所有照片以海报打印或电子投影的方式集中展示。每次讨论中，由富有经验的主持人引导参与者展开讨论，逐步聚焦形成几个明确的主题，包括公共空间、街道、学校、住房等，并选出相应的代表性照片。

团队基于 6 周的讨论成果，汇总并确定若干关键问题和代表性照片，形成总结报告。

团队通过多种渠道展示报告成果，包括递交给联盟成员（包括政府官员、社区领袖和相关政策制定者等）、接受当地媒体采访，以及在社区联席会议上进行汇报等。

联盟基于讨论结果制订相关行动议程，推进政策的优化。

---

* 本案例资料根据 MERRICK M，MEJIA A. Photo voice as authentic civic engagement：lessons learned in one immigrant community[R]. Urban Affairs Association，2010. 翻译整理。

5.4 戏剧表演

戏剧表演（Drama Performance）指通过戏剧创作和表演，围绕社区发展相关的主要问题、理念、成果等，面向公众进行视觉化的呈现与互动演绎，以增进沟通、交流与共识。可以以一次或数次表演节目的形式穿插在社区节日活动中，或作为多场次的独立演出。

工具特征

阶段分类

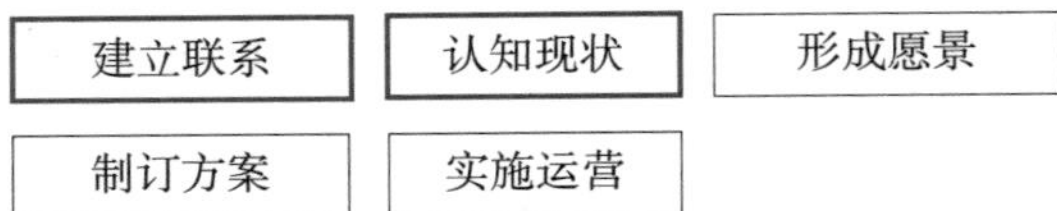

适用人数

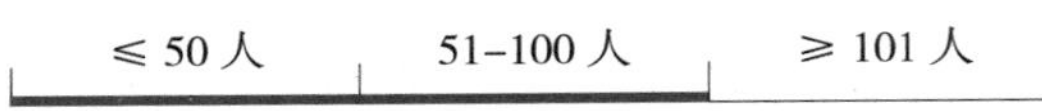

实施时间

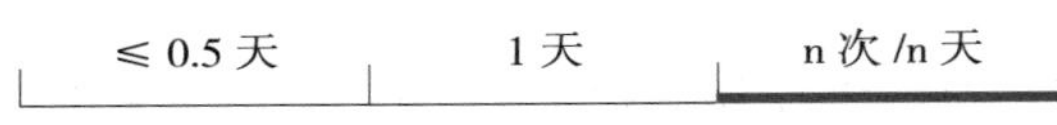

组织难度

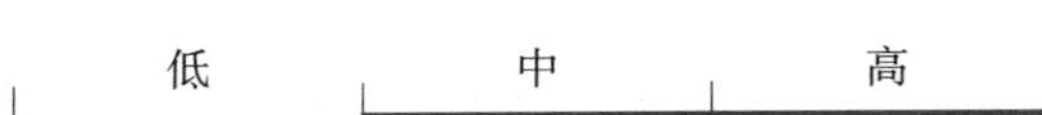

物料成本

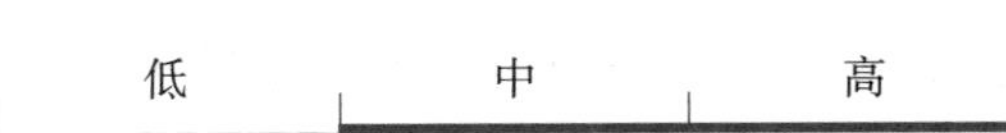

场地与设备

（1）场地：室内 / 外空间，应足够宽敞，提供座椅。

（2）设备：表演需要的道具、麦克风等。

目标与特点

（1）以艺术作为传播信息的手段，借助公众喜闻乐见的、趣味性的形式，更好地激发参与者共鸣，使关键信息更容易被记忆和广为传播。

（2）营造轻松、非正式的交流氛围，利于特殊群体（如儿童、老人、阅读困难者等群体）更好地获得信息、进行互动。

（3）通过共同创作、表演和观看的过程，激发参与者主动关心和思考社区公共议题，共同努力改善、解决社区问题，提升社区共同体意识。

温馨提示

（1）表演参与者可以是专业演员、戏剧爱好者、故事亲历者、居民志愿者等，特别鼓励以社区居民为主体。可由有经验的专业团队提供技术指导、道具支持。

（2）建议通过主持人的特别提示或设置特定动作（如角色扮演结束时脱下服装、摘除角色标签等），明确表演起始节点，有助于表演者和观看者辨别角色的转换。

活动流程

1. 团队组建 1–2 周

通过商议，初步确定表演主题、活动时间和表演形式等，组建核心创作和表演团队，并公开发布招募信息，广泛吸纳感兴趣的社区居民、志愿者参与。

2. 表演培训（可选项） 每次 1–2 小时

有条件的情况下，可提前组织对表演参与者进行表演相关的技能培训，包括肢体表达、语言表情、声音、节奏等方面。

3. 剧本创作与排练 1–4 周

围绕表演主题，参与者通过访谈、故事讲述、征集投稿等方式进行素材收集，注重挖掘社区中鲜活、真实、特色的人物和故事。进而进行集体创作，确定表演内容、角色和情节，形成剧本雏形。完成幕前、幕后的责任分工。

演出人员提前进行对词、走位等排练。可在排练过程中邀请不同的利益相关者观演，听取不同视角的建议。

4. 正式演出 每场 15–60 分钟

节目表演开始前，可以先对剧目创作的背景进行介绍，让观看者能更快地融入故事情境，并在节目表演与现实问题中建立认知联系。

表演结束后，可设置分享环节，包括对演出人员的身份进行介绍，主创团队进行创作心得分享，补充展示剧情背后的故事和细节等。工作人员收集观众意见，作为改进下次表演的重要参考意见。

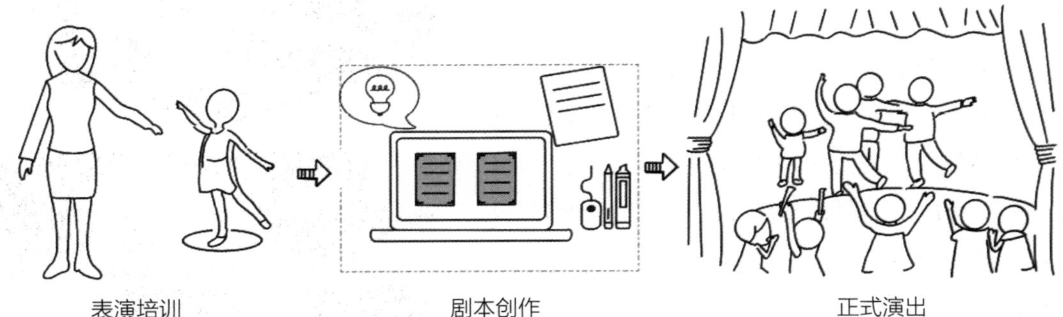

表演培训　　剧本创作　　正式演出

案例：北京石油共生大院“小鱼快跑”儿童沉浸式话剧 *

项目地点

北京市学院路街道石油共生大院。

项目背景

为进一步贯彻落实《北京市生活垃圾管理条例》，深入推进垃圾分类工作走进千家万户，从源头促进全民参与垃圾分类，实现垃圾分类标准化、精细化，2021年7月3日上午，北京和合社会工作发展中心（以下简称“和合”）组织石油大院社区和石科院社区近30名孩子参加“小鱼快跑”儿童沉浸式话剧。

沉浸式垃圾分类活动的开展，旨在通过新颖的宣教方式，让垃圾分类的理念走进社区、走近下一代。活动中，社区的孩子们在轻松欢快的氛围中学习、了解了垃圾分类的重要性和最新的垃圾分类常识，进一步认清和区分厨余、可回收、有害垃圾，养成对垃圾进行主动分类、日常分类的好习惯。

活动内容

为了能让孩子度过一个安全、健康、快乐的暑假，和合从2021年6月起开始与北京萌太琦文化传媒有限公司对接具体活动内容，于6月20日在和合公众号和微信群内发布招募通知，共有近30名孩子报名参加。

为了更好地实现孩子们的沉浸式体验效果，和合充分利用石油共生大院文化空间的场地优势，社区工作者配合剧情变化操作切换声、光、电、场景等；演员按剧情需要最大限度地穿行于场地间与孩子们互动，通过生动、互动的剧情表演，将孩子们慢慢地带入到情景之中；孩子们坐在厚厚的防摔垫上，自由、放松，能最近距离地接触到演员，进而参与到演出的互动中。家长在后方落座，不影响孩子专注地观看演出。

---

* 本案例资料来源：北京和合社会工作发展中心。

该话剧为演出方的原创剧目。故事讲述了主人公豆豆将小金鱼金鳞带回家养在鱼缸里。豆豆做了一个梦：因为池塘污染，沐沐潜入豆豆家里，想让金鳞找到水源精灵，救救池塘里的其他小鱼，而豆豆想把金鳞留在家里。最终豆豆幡然醒悟，与沐沐一起战胜了由人类产出的垃圾妖怪，还原成水源精灵，挽救了池塘里的小鱼。

演出过程中的互动很是热闹。孩子们在参与之前是不知道具体剧情的，在演出现场自愿报名参与扮演不同角色，从各种昵称的小鱼到垃圾怪物，让演出充满了想象力和趣味性。

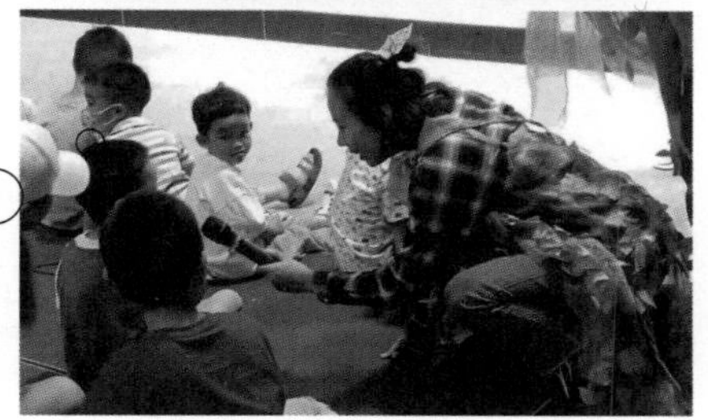

金鳞问池塘里的小鱼们都叫什么名字？有的说叫小丑鱼，有的说叫鲨鱼，有的说叫鲶鱼，还有的居然说“不知道”。

金鳞问池塘里的小鱼们：“你们在污染的池塘里谁有不舒服吗？”台下小观众们纷纷举手说：“我！我！我！”

当小观众看到主人公豆豆、沐沐在与垃圾妖怪搏斗的场景时，纷纷高喊着：“豆豆加油！”“沐沐加油！”“打倒垃圾妖怪！”

坐在后面的家长纷纷表示，这种寓教于乐的方式真的太好了。演员们通过生动的语言、夸张的表情和肢体动作，让孩子们能更加深刻地认识到垃圾分类的重要性。孩子们在轻松、沉浸、互动的体验中，通过注意力的高度集中自然而然地融入情景。演出结束后，孩子们七嘴八舌地说要争作校园环保小卫士，共同营造更加和谐、美丽的校园环境。

5.5 社区展览

社区展览（Community Exhibition）指将传统上在美术馆、展览馆等里发生的展示行为带进社区空间，以社区中的居民和故事为叙事主题的在地艺术实践。每个居民、家庭、组织或社区场所都可以作为主体参与其中，用一场展览讲述自身和社区的故事，从而增进各主体之间、主体与社区场所之间的情感连结和认同。

工具特征

阶段分类

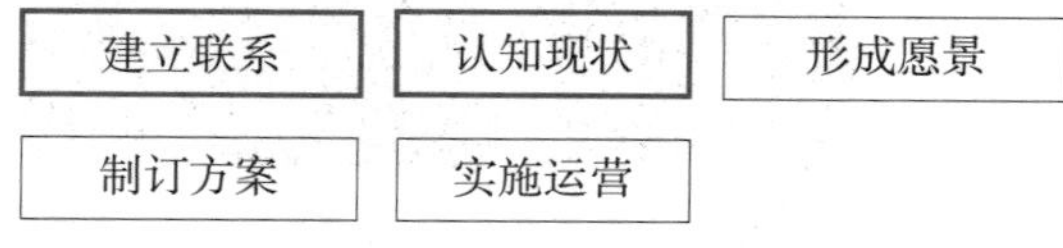

适用人数

≤ 50 人	51–100 人	≥ 101 人

实施时间

≤ 0.5 天	1 天	n 次 /n 天

组织难度

低	中	高

物料成本

低	中	高

场地与设备

（1）场地：室内 / 外空间（宜有较连续的可展示墙面），桌椅可移动布置。

（2）设备：成果展示墙 / 板、投影 / 显示屏等。

目标与特点

（1）通过回溯社区的发展历程，讲述时代背景下地方社区中的个人、家庭或组织的成长故事，展现社区共有的精神和情怀。

（2）通过从策展、布展到展览介绍等全过程的社区参与，以展陈空间为中心，跨越时空连接起社区中的个人、场所和故事，营造社区共同体的共同体验和想象。

温馨提示

（1）可邀请在策展方面有经验的人士提供专业指导。同时，应注意展陈内容要和社区故事紧密结合，展陈方式要亲民、接地气。

（2）社区展览不仅仅是故事的呈现，最好能与社区规划、社区治理议题紧密关联，以信息透明化、可视化的方式更形象地呈现其中的问题，助力问题的研讨和解决。

（3）策划展览的时候，可以根据实际情况和人力，从降低观展门槛和降低后续展览运营的难度出发，设计观众自助式的观展形式和路径。

活动流程

1. 招募在地策展人

确定社区展览的主题后，通过线上、线下的方式，公开召集感兴趣的居民和有策展能力的人士组成策展小组，共同探讨展览方案和实施过程。

2. 组建策展团队

邀请感兴趣的外部志愿者、专业人士与社区居民一起组成策展团队，实现在地故事与专业技能相结合。

3. 调研收集展览内容

策展团队与相关主体共同商议，确定展览的主题、地点、日期和实施方案。策展团队深入社区，进行调研，收集并整理展览素材。

4. 布展与开幕

邀请居民共同参与布展，并庆祝社区展览开幕。可以将展览开幕活动作为社区节日，增进社区的活力和人与人的联系，让展览更加深入人心。

5. 展览持续运营

展览开幕后，可以邀请社区志愿者参与讲解或定期组织观展团，让观众了解展览背后的故事。在可能的情况下，可将展览作为一个长期平台，持续与居民互动，收集内容。

成果形式

展陈内容：社区发展大事记、居民故事、居民作品、社区特色物件等。

展陈形式：照片、物品、视频、音频等（可以多种形式组合或融合采用）。

案例：上海虹桥机场新村社区参与式博物馆“社区遗产”项目

项目地点

上海市长宁区程家桥街道虹桥机场新村社区。

项目背景

2021 年，大鱼营造在长宁区公益创投项目支持下，在虹桥机场新村打造社区策展人工具包。项目前期，通过招募社区策展人、探讨策展方案、组建策展团队，策划了系列社区活动，收集社区故事和物件。9 月，“社区遗产”作为社区参与式博物馆的长期展览项目正式开幕。项目通过挖掘机场新村老住户的故事，将个体生活的视角融入社区变迁和发展的大议题，依托博物馆这一记录社区生活的重要场所，将那些可能被忘记的故事汇编成馆藏，使其重新被记起，长久被记录。

活动内容

“社区遗产”项目的初衷是希望居民把藏在家中的社区记忆带出家门，带入社区的公共空间，加强居民与社区的关联，改变居民的日常生活与社区场所相对割裂的现状。

展览项目主要包括以下三方面的主题内容。

（1）传家宝搜集入藏

面向社区居民征集家中有故事的老物件，并以博物馆馆藏登记的方式将这些物品登记入库，形成一套系统化的“社区传家宝”图鉴。同时，这本图鉴也可用作展览的素材库。

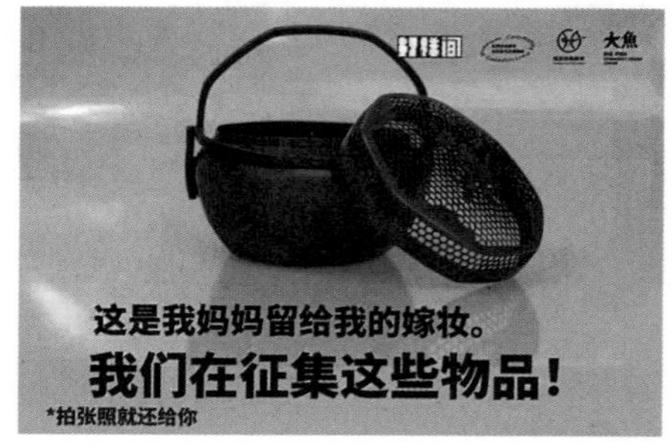

（2）**家庭口述史收集整理**

面向社区内的一些老人，以口述史记录的方式，对其家庭故事进行收集和整理，不仅促进家庭之间跨代际的了解，更让家中的晚辈有机会重新认识老人年轻时的生活经历。

（3）**老照片回忆录征集**

面向全社区征集全家福和家中的老照片，唤起居民对特定时期和社区的共同记忆，也为邻里之间通过老照片对彼此有一个新的认识创造契机。

5.6 参与式营建

参与式营建（Participatory Construction）指在设计团队、社会组织、专家等的指导和协助下，围绕社区空间改造事项（多聚焦于小微公共空间），社区多元主体共同参与空间营建过程，有条件时还可以延伸至前期策划、方案设计，及后期运营管理等阶段。通过共同营建的过程，在改善社区环境品质的同时，增强多元主体间的情感联系和协作技能，培育参与者的主体意识和责任感，为促进社区继续参与场地后期运营和维护奠定基础。

工具特征

阶段分类

建立联系　认知现状　形成愿景　制订方案　**实施运营**

适用人数

≤ 50 人	51–100 人	≥ 101 人

实施时间

≤ 0.5 天	1 天	n 次 /n 天

组织难度

低	中	高

物料成本

低	中	高

场地与设备

（1）场地：室内及室外空间。

（2）设备：相关营建材料和工具等。

目标与特点

（1）参与者共同提升社区公共环境品质。

（2）通过有组织的共同营建过程，引发参与者对社区环境的关注和期待，提升参与者动手改造社区环境的能力。

（3）通过共同参与和体验环境变化的过程，提升居民对社区公共事务的参与度，增进社区认同感和归属感。

温馨提示

（1）工作人员应事先踏勘营建场地，消除场地安全隐患。

（2）需要在室外开展的营建活动，应有应对恶劣天气等不确定因素的活动预案，并能及时通过多种方式通知到所有参与者。

（3）宜在营建场地范围内或其周边找到一片较大规模的室内或室外场地，方便集中所有参与者进行任务宣讲、安全培训、方案交流等活动。

（4）营建环节之前，工作人员应对参与者进行营建、安全等方面的培训。

（5）可能对儿童或敏感群体造成伤害的物料或工具，应远离这些群体的活动场地进行存放，并在施工现场设置专门的安全提示。

活动流程

1. 成员招募　　1–2 周

围绕社区环境改造议题，确定活动任务、形式与时间，通过线上、线下多种渠道，对外发布活动信息，招募参与者。

对于与改造议题有紧密利益关系的个人或群体，应尽可能邀请参与，特别是前期方案讨论与制订阶段。

2. 环境调研　　1–3 小时

在工作人员的带领下，参与者围绕改造议题对社区场地展开调研，了解现状信息，梳理问题，形成初步改造意向。

3. 方案制订　　1–3 小时

根据调研结果，在专业人员支持下，参与者共同讨论并形成改造设计方案。根据施工难度和专业性要求，区分专业化施工与社区参与营建的工作内容，并围绕社区参与营建部分制订营建施作方案。

4. 参与营建　　n 次 /n 天

专业人员提前按照设计方案在场地进行施工放样。

专业人员对参与者进行营建相关技能培训和安全等注意事项讲解，指导和协助参与者共同开展营建工作。

根据营建任务的工作量和施作难度，可对参与者进行分组，或将营建任务划分为若干阶段，分多次完成。

鼓励参与者共同制订场地后续管理和维护方案，并参与方案实施。

环境调研

参与营建

案例：北京加气厂小区社区花园营建活动

项目地点

北京市海淀区清河街道美和园社区。

项目背景

在清河街道党工委、办事处与清华大学“新清河实验”课题组的共同支持下，美和园社区两委、居民议事委员和社区规划师经过多次调研、居民意见征集和讨论后，决定在加气厂小区开展社区花园营建活动，将一片闲置空地改造为社区花园，改善邻里空间环境，并通过居民动手共建的方式，增进邻里关系，增强社区凝聚力。

2019 年 5–6 月，美和园社区居委会、清华大学“新清河实验”课题组联合思得自然工作室与海淀区社区提升与社会工作发展中心共同举办社区花园参与式营建活动。

活动内容

（1）参与者招募

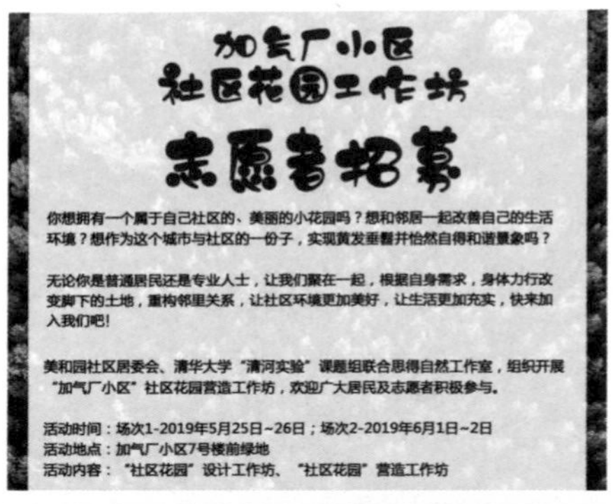

社区花园营建活动开展前，主办方发布参与者招募信息，面向社区内、外招募到 30 余名参与者，包括街道办和社区两委工作人员、社区居民、社区规划师、外部志愿者等。

（2）场地调研和方案拟定

营建活动持续两周。先由专业导师带领参与者收集花园场地的基本信息，挖掘、分析后期营建过程中可利用的资源。

参与者分成若干小组，分别讨论并绘制出社区花园的初步设计方案，各组向所有参与者进行方案展示与交流。

各组进一步讨论和深化方案。专业导师协助所有小组进行方案合并，形成最终营建方案。

（3）花园营建

随后开展花园营建工作。专业导师带领参与者，根据营建方案，将场地划分为若干营建区块。大家共同动手，搭建各个区块边界，形成花园小径。

针对场地土壤肥力不足等问题，专业导师为参与者讲解厚土栽培的方法和步骤，并带领大家共同进行有机材料和土壤的堆叠。

接着，种植苗木，铺设花园路径，制作特色景观小品。

（4）后期培训和参与维护

花园营建完成后，围绕居民关心的后期维护管理问题，工作团队面向社区，组织多次自然教育、种植和维护方法等技能培训活动，引导居民共同讨论确定花园名称、制订维护公约，以提升社区自主参与绿色公共空间维护的意识和能力。

通过共同参与花园营建的过程，在专业团队和外部志愿者的引导和推动下，社区居民逐步打消疑虑、产生兴趣，进而亲自动手参与，逐步成为社区美好空间的创造者，邻里关系也更加亲密。原本黄土朝天的闲置空间成为家门口的美丽花园和生态教室。

6 社区激活类

6.1　社区踏查
6.2　社区开放日
6.3　社区节日
6.4　社区参与据点
6.5　街区发生器

总体介绍

社区激活类的工具是指面向整个社区 / 街区，或是某个具体的社区公共空间，发起系列的活动策划，或对空间运营的内容、机制进行整体设计，达到激发社区活力的目标。

具体而言，这类工具可以分为以下三种形式：①激发人们去认知地方、提出议题和参与行动的活动，如社区踏查、开放日等；②激发场所活力的活动，如社区节日等；③通过空间装置、场地来激发活力，如社区参与据点、街区发生器等。

持续进行社区激活，可以是按一定频率持续地举办某类活动，如一年一次的社区节日，或是一年内将几类活动组合举办，都是使社区激活的成效得以可持续、自主生长的关键。

6.1 社区踏查

社区踏查（Walk Our Neighborhood）指邀请参与者共同进行社区实地踏勘，通过带着问题的视角深入探究，或在互动中激发全新的视角，系统发掘甚至重新认识社区的资源、特点、问题和优势。

工具特征

阶段分类

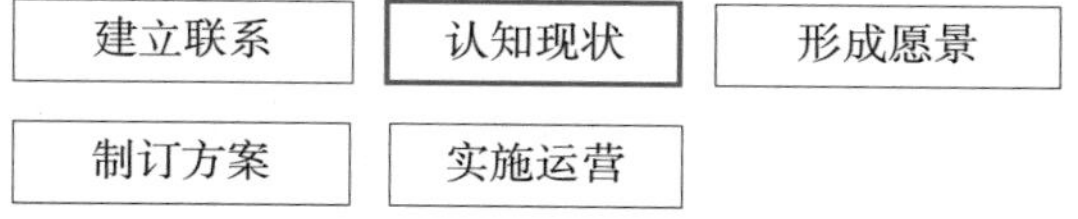

适用人数

≤ 50 人	51–100 人	≥ 101 人

实施时间

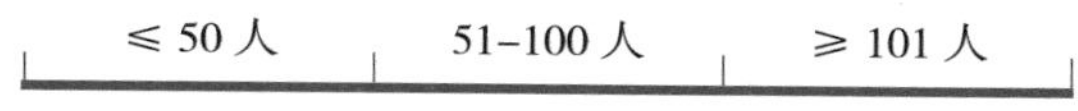

组织难度

低	中	高

物料成本

低	中	高

目标与特点

（1）增进参与者对社区的关注和认知，发掘社区特色，并达成共识。

（2）通过参与者分享各自对社区的洞察或对议题的讨论，增进不同群体之间的交流。

（3）通过实地走访和记录的形式，能更好地激发参与者的深度体验。

温馨提示

（1）主办方应提前踩点和精心设计踏查路线，确定重要的停留点位，确保踏查过程的步行便利和安全，避免给停留点位周边的居民、商户、交通等带来负面影响，可安排工作人员辅助引导和进行提醒。

（2）户外踏查环节需要的时间有不确定性，可多预留机动时间，并提前准备备用路线方案。

（3）在户外踏查环节，主办方应提醒参与者注意防风、保暖、补水、防蚊，并根据户外情况提前做好相关物料准备。

（4）踏查导览环节中，选择合适的导览者对保证活动体验很重要。导览者可以是专业的街区导览员、社区工作者、资深社区居民等，真情实感地分享亲身经历的趣事将为导览环节增色不少。

活动流程

1. 开场预热 15–30 分钟

主持人介绍活动流程和活动规则，参加者按每组 3–6 人进行分组，确定组长，在组内进行自我介绍。

2. 街区导览介绍（可选项） 20–30 分钟

邀请专业人士或对相关主题熟悉的人进行街区导览介绍。参与者中如果超过半数对街区不熟悉或需要专业介绍时，建议进行该环节。

3. 户外踏查 30–60 分钟

发放小组任务卡，明确各组的踏查任务或主题，激发参与者的探索欲望，明确探索目标。宜每组配置至少 1 名工作人员，分别跟组观察并提供技术等支持。

4. 分组讨论 15–30 分钟

回到集合点，各组组长引导组员在组内分享探索发现，可围绕小组成员感兴趣的议题组织讨论，并完成小组任务（如标记关键点位和问题）。

5. 成果分享 30–60 分钟

各组分别向所有参与者分享小组讨论的成果，组间可提问、交流。主持人进行总结。

成果形式

案例：上海新华路街区“再发现之旅”

项目地点

上海市长宁区新华路街道。

项目背景

2018年夏，“城事设计节”在新华路街区开展，多个点位进行社区微更新实践。受新华路街道办事处委托，大鱼营造承接了针对改造点位的参与式调研项目。为了更整体地了解居民对街区的看法，以及动员对社区热心的年轻人参与到未来的社区营造工作中，促进街坊间交流互动，大鱼营造发起街区“再发现之旅”，邀请街坊居民以一种轻松的方式来重新认识街区，通过在地图上进行点位标记，进而引发相关议题的讨论。

活动内容

（1）活动招募

提前2周通过新华街坊微信群发布活动信息，并定向邀约特定人群，最后邀请到了艺术家、设计师、商户、年轻父母、年轻租客等10多位街坊代表。

（2）路线策划

邀请专业导览者与项目团队共同进行路线策划。其中，主线以导览者的带领为主，内容为探索新华路街区的历史建筑，认识过去；支线以参与者自主探索为主，项目团队通过提供不同的任务设定和工具包，让参与者在踏查过程中加入不同的视角，重新发现和认识街区。

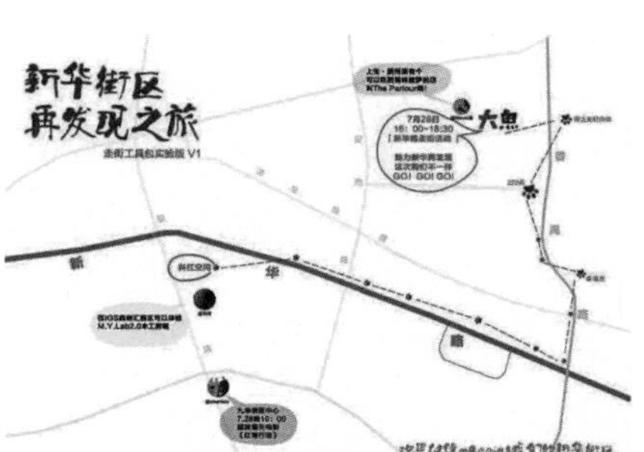

（3）街区踏查

街区踏查活动共开展了90分钟。先在集合点进行破冰环节，并将工具包分给参与者，让参与者抽取角色卡，通过角色扮演的设定，让大家分别以孕妇、流浪猫、快递小哥等角色的生活视角进行探索。专业导览者选取了三个重点点位进行停留讲解，参与者在路上也会进行照片记录，完成任务。

踏查工具包由一张 A4 纸构成，正面是一张路线地图，反面由不同的任务栏（如街拍任务）和信息记录栏（如社区问题栏、社区资源栏）组成。

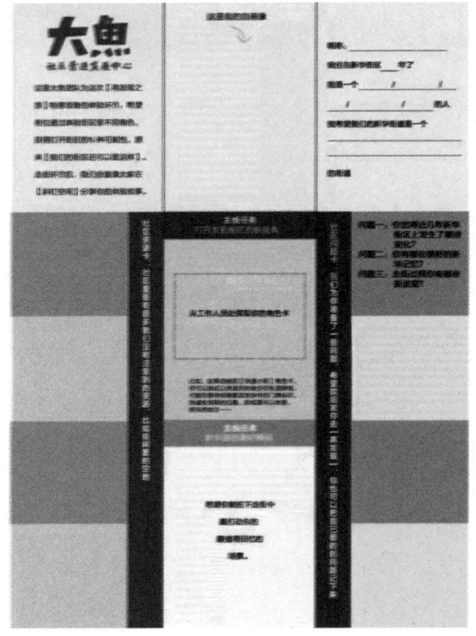

（4）成果汇总

回到室内集合点，各小组成员结合踏查过程中的发现和感受进行组内分享，并在地图上进行点位标记。接着，每组派一位代表进行发言分享，并在大地图上将小组点位进行标记。例如有参与者从孕妇的角度，发现街区缺乏公共休憩的座椅；有参与者发现街区内的小店越来越少，而希望留住烟火气。最终，汇集参与者对街区未来期待的共识与地图标记成果，通过线上推文与公众分享。

6.2 社区开放日

社区开放日（Community Open Day）指在有改造意向的场所或其周边，通过互动展板等形式面向公众征集关于空间的使用需求与主要问题，围绕相关议题组织开放讨论，产出参与式的调研成果。通过开放日活动，可以向公众释放改造讯息并邀请其持续关注，同时增进设计团队对公众意见的了解。

工具特征

阶段分类

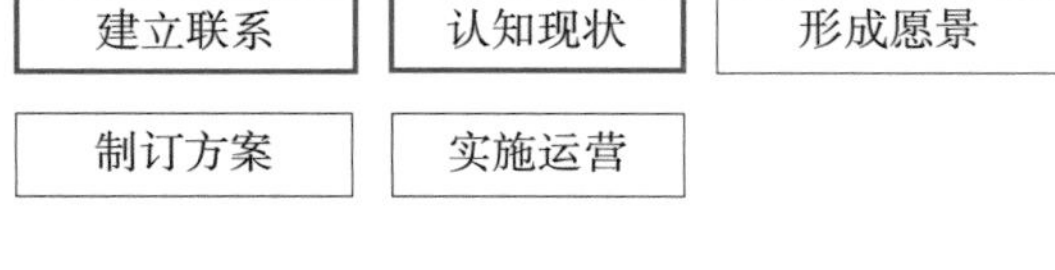

适用人数

≤ 50 人	51–100 人	≥ 101 人

实施时间

≤ 0.5 天	1 天	n 次 /n 天

组织难度

低	中	高

物料成本

低	中	高

目标与特点

（1）向公众传达空间即将迎来改变的讯息，引发关注，并邀请其共同参与讨论。

（2）通过互动的参与式活动过程，了解社区不同群体的痛点、需求点、社区未来愿景等信息，识别和发掘社区积极分子，并建立初步联系。

（3）通过活动举办场所的临时营造，向公众传达“社区参与的形式是多种多样的”“社区参与也可以很有趣”的认知，打破他们关于社区参与的刻板印象。

温馨提示

（1）关于活动场地，宜选择人流较密集并适宜停留的空间，同时可以搭配一些能吸引人停留的活动（如小型音乐表演、二手市集等），延长人们停留的时间，将其引流到展板互动区。

（2）开放日活动当天，每块展板或每个议题前宜安排至少 1 位讲解员 / 引导员，同时配置数位机动的工作人员，可随时根据现场情况提供答疑、服务等支持。

活动流程

1. 活动策划与宣传

通过现场踩点调研，确定活动区域、主题和内容，进行线上、线下宣传预热，进行互动展板设计。招募志愿者和现场工作人员。

2. 人员培训与场地布置

提前进行场地布置。对工作人员进行现场培训，使其熟悉活动场地并明确分工。

3. 人员到位与活动开展

互动展板前安排好讲解员 / 引导员，开展活动。

4. 信息记录与场地整理

活动结束后对展板等成果进行拍照，及时记录重要信息。将场地恢复原状。

5. 信息整理与成果总结

对收集的信息进行汇总整理，形成成果报告，并转化为空间改造的设计需求。

成果形式

案例：上海安顺路绿地改造开放日活动

项目地点

上海市长宁区新华路街道。

项目背景

2018 年，“城事设计节”在新华路街区开展，多个点位进行社区微更新实践。受新华路街道办事处委托，大鱼营造承接了针对改造点位开展的参与式调研项目。安顺路绿地作为其中一个候选改造点位，是街区中难得的绿地空间，但空间利用率不高，有很大的改造潜力。7 月，大鱼营造开展安顺路绿地改造开放日活动，以求快速了解周边居民在空间使用中的痛点和需求点，并用临时场所营造的形式为公众呈现出绿地的多种使用可能性，打开公众的想象力。

活动内容

（1）踩点调研

提前进行点位踩点和初步调研，观察一天内不同时段安顺路绿地的使用情况，洞察可能的课题，比如绿地和周边居民的关系、绿地的不同使用方之间是否存在矛盾等。主动与在绿地活动的社群（如广场舞社群、亲子足球社群等）建立初步联系，并邀请其参加开放日活动。

（2）开放日调研

设计满意度地图、空间意向图、空间课题板、开放留言板等互动展板，把绿地小广场临时营造成一个热闹的地方。通过定向邀约、街坊群发布、线上传播、线下海报宣传等方式，吸引周边居民、空间使用者表达改造意见。此外，还特意设置居民信息登记摊，便于主办方联系未来有意愿继续参与深入讨论的积极分子。

（3）场所营造

在面积约 200 平方米的不规则的绿地空间里，入口处和场所周围布置醒目的装置和彩色气球，吸引居民步入，并设置互动调研区、读书与野餐区、小型音乐会区。一方面通过不同的活动设置，延长居民在场所中停留的时间；另一方面也通过临时场所营造的实验，向居民展示绿地空间的多种可能性——可以是街区议事的场所，也可以是休闲野餐的地方，还可以是达人演出的舞台。

（4）形成设计任务书

整合开放日收集的信息，形成供设计师参考的调研报告和设计任务书。

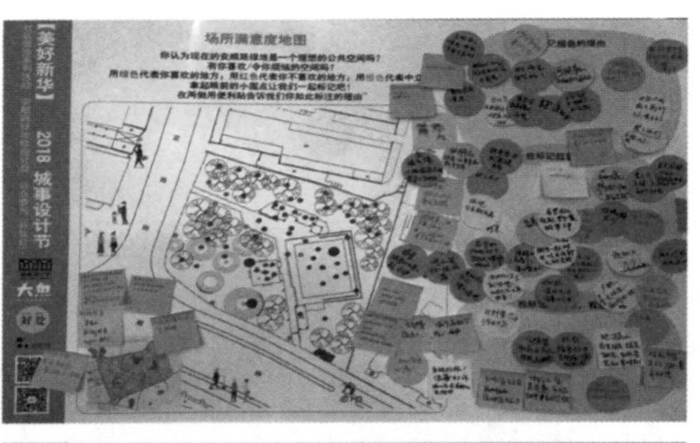

满意度地图：
引导参与者用不同颜色的圆点贴纸在地图上进行标记，快速了解周边居民对调研区域的满意度，大家共同认知的问题会被突出显示。

空间意向图：
展示空间使用场景多种可能的意向图，引导参与者用不同颜色的便利贴标示自己的偏好或特别意见。调研结果为未来空间设计和运营提供参考。

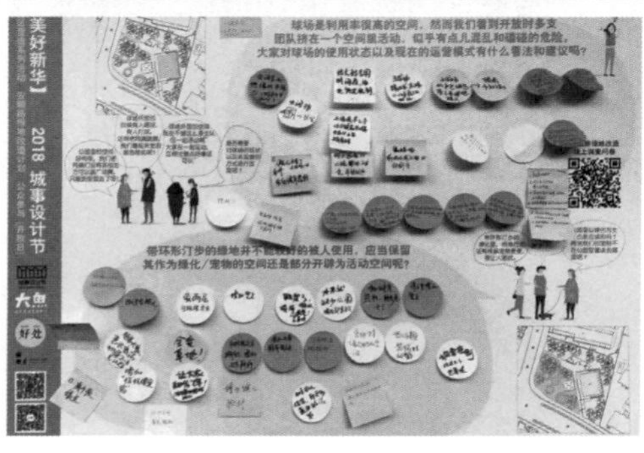

空间课题板：
呈现街区中空间使用相关的课题，引发利益相关者的意见发表、讨论，用便利贴收集大家对于特定课题的具体意见。

6.3 社区节日

社区节日（Community Festival）指发动社区内及周边的居民、商户、社会组织等，围绕一个或几个主题，在集中的一段时间内，共同组织开展多种形式的公共活动（如市集摆摊、才艺展示、展览等），展示地方生活特色和魅力的。同时，增进社区的关系与联动。以一定频率开展社区节日有助于培育社区认同感，增强居民之间的凝聚力。

工具特征

阶段分类

建立联系　认知现状　形成愿景

制订方案　实施运营

适用人数

≤ 50 人	51–100 人	≥ 101 人

实施时间

≤ 0.5 天	1 天	n 次 /n 天

组织难度

低	中	高

物料成本

低	中	高

目标与特点

（1）为体现社区特色魅力和活力的活动、产品、达人等提供展示的舞台，让社区资源得到充分显现。

（2）营造居民与商户共融、共赢的友好社区氛围。

（3）增进居民和商户对社区的认同感，支持以其为主体发起社区活动。

温馨提示

（1）比起销售本身，摊主之间、摊主和街坊之间的社交互动才是节日最大的魅力，也是最核心的目的。

（2）根据人力和资源，可以先从小规模的节日开始做起。通过持续举办社区节日，逐步扩大节日的影响力，自然会吸引更多的资源和支持力量的加入。

（3）举办活动前，注意和相关方（街道、城管、居委会等）进行充分沟通和提前报备。

（4）活动场地应尽量选择人流量较大、可达性较好的公共空间，同时避免与机动车交通的相互干扰。

活动流程

1. 主题策划

策划节日活动的主题，对外发布活动共建邀请，如场地合作、内容合作等。主题可以围绕社区重要发展议题（如 15 分钟生活圈建设），并结合节日（如春节、儿童节）、特定人群（如儿童、年轻人）等展开。

2. 共创讨论（可选项）

邀请有意愿加入社区节日的共建方共同进行探讨，深化执行方案，确定彼此分工，确认可提供或链接的资源。

3. 宣传预热

通过线上、线下的渠道发布社区节日的预热内容，并提前与相关部门（街道、城管、居委会等）沟通活动安排。

4. 节日活动

提前招募与培训活动志愿者，准备所需物料，进行场地布置和设备调试。确保每个活动区和活动环节的人员与物料到位。举办活动。

5. 项目复盘

活动完成后，将场地恢复正常。收集、了解摊主、参与者的反馈意见，总结经验和不足。

成果形式

案例：上海第 4 季新华 · 美好社区节“街区明星见面会”

项目地点

上海市长宁区新华路街道。

项目背景

自 2018 年起，由大鱼营造发起，新华路街道办事处支持的“新华 · 美好社区节”项目以每年一次的频率在新华路街区举办。它以“连结邻里关系，支持在地商业”为主要理念，持续激励本地街坊与商户共同参与，成为新华路街区特有的新节庆。2021 年 11 月，第 4 季社区节以“街区明星见面会”为主题，为每位既平凡又特别的街区达人提供才艺、兴趣、故事的展示平台，让他们在社区节上像明星一样被看见，自信发光。

活动内容

（1）街区明星见面会

活动现场设置舞台区，通过“新华店家见面会”“明星居民见面会”“新华演艺团体见面会”三个节目进行呈现。前两个节目通过分享与对谈的方式，呈现商户（如咖啡店、自行车店、花店等）在新华路街区开店守业的故事，以及街区内“宝藏达人”（如维修师傅、即兴戏剧表演者、建筑师等）的特色生活。“演艺团体见面会”邀请来自街区的合唱团、乐队、自学二胡的爷叔，以及学习架子鼓的孩子进行才艺展示。

（2）街区达人市集

通过邀请和招募的方式，经过筛选，确定来自街区商户、达人、亲子家庭等约 20 个摊位，通过摆摊的形式向大众呈现丰富多彩的生活方式。手作达人、陶艺达人、收藏达人等分享自己的作品，亲子家庭分享闲置绘本和玩具。

（3）快闪行动

结合社区节日的聚集效应，同步举办一些街区友好的快闪行动。如在主会场设置市集、舞台节目，以及老人友好的“老小孩补给站”装置；在街区的其他空间，组织来自街坊艺术家的行为艺术等小型快闪活动。通过不同会场和活动的联动，让街区内外的参与者可以一整天沉浸式地体验街区的魅力。

6.4 社区参与据点

社区参与据点（Space for Community Participation）通常选址于社区的公共空间，通过简单的场地改造或有趣的方式创造一个吸引人们聚集的场景，以此为触点，增加社区成员相互交流和参与社区规划、治理的机会。一般在参与式社区规划的前期，以发掘或创造社区参与据点作为与居民建立关系的开始。

工具特征

阶段分类

建立联系　认知现状　形成愿景　制订方案　实施运营

适用人数

≤ 50 人	51–100 人	≥ 101 人

实施时间

≤ 0.5 天	1 天	n 次 /n 天

组织难度

低	中	高

物料成本

低	中	高

目标与特点

（1）为居民参与社区规划和社区治理创造实体的展示与交互空间。

（2）通过定点营造开放、有创意的场所，增进社区规划团队与居民之间、社区各主体之间的信任关系，激发社区参与。

温馨提示

（1）设置装置的场地宜选择社区居民熟知的、方便步行到达的地方。

（2）装置的空间形式、内容甚至建造 / 改造方式应最大化地应对社区的需求和建议，并提供社区可持续参与其设计、建造和改造过程的机会。

（3）设计方案不一定是一次到位，可以适当“留白”，在综合各方使用后意见的基础上逐步、多次地迭代完善。

活动流程

1. 社区调研据点选址

参与式社区规划需要在社区有一个据点，在此围绕社区改造与建设的议题讨论和进展呈现等与居民产生持续的互动。可在居委会的协助下选择一个社区内人流量较大的场地，将其建设或改造为居民参与社区规划活动的空间据点。

2. 居民参与空间营建

邀请社区居民参与据点空间的营建活动，从共创提案到共同参与部分环境营造皆可。注意尽可能增加空间的开放性，比如设置通透的落地窗，营造一种开放、欢迎的空间氛围。

3. 空间开放运营

与居民一起探讨并制订空间开放运营机制，运营团队日常可以在此据点办公并发起活动，同时邀请社区关键人物、社群、当地社会组织定期在空间举办活动。通过一定时间的运营，逐步让居民对运营团队和空间建立信任关系。

成果形式

案例：上海虹桥机场新村社区居民参与小站“小白屋”

项目地点

上海市长宁区虹桥机场新村。

项目背景

“小白屋”的前身是虹桥机场新村内一处闲置已久的仓库，面积不过10平方米，位于社区居民出入的重要节点。2020年，由大鱼营造提议，在虹桥机场新村社区居委会的支持下，经过重新设计和装修，这间仓库变身为集社区活动、自治议题讨论、案例展示于一体的社区共享空间，取名“启航小屋”。因其色彩雪白，居民们亲切地称之为“小白屋”。在团队持续参与社区营造的2年中，“小白屋”经过3轮迭代，渐渐变成一个空间更大、功能更全面的社区居民参与据点。

活动内容

（1）闲置仓库变身社区公共空间

最初进入社区调研时，团队希望找到一个空间作为社区工作站，便于开展各类社区活动，持续与居民建立关系。一个靠近社区十字路口的面积10平方米的闲置仓库吸引了团队的注意，于是团队便面向社区，邀请居民共同参与空间改造。在社区商业街五金店店长的支持下，先进行了一轮简单的空间改造，形成了“小白屋”的空间基础。通透的落地窗让它天然带上了公共的属性。在经过除霉、刷墙、铺地板、添置家具后，“小白屋”正式投入使用。

（2）连接社群，持续运营

除了团队成员定点在此办公以外，伴随着空间的日常开放，越来越多的居民都知道家门口多了个“小白屋”，孩子们会来写作业，

居民时不时来看看海报栏，这个过程汇集了很多积极参与社区活动的居民达人。通过邀请居民、达人、儿童参与社区改造工作坊、各类参与式调研等活动，“小白屋”成为社区探索共治与自治的发生地。

（3）在居民的参与下拓展可能性

经历 2 年的时间，“小白屋”隔壁多年未见天日的仓库也被点亮了，成为有智能阅读设备的“智慧小屋”。园艺中心也在此挂牌，用绿植使其焕发出更多的生机和活力。“小白屋”从最开始的刷白的小屋，慢慢变成集社区园艺中心、产学研课题中心、“智慧小屋”和展览空间为一体的社区多功能睦邻点。现在，它是社区成员的书房、接待室、小展厅、自习室。

（4）推动多级参与形式

“小白屋”通过多种多样的活动内容和空间使用方式，为不同群体提供多层级的参与可能。“小白屋”的用户参与可以分为三级：第一级是路过时会来看看的社区居民；第二级是愿意在此分享物品和记忆的居民，如展示家里的全家福、孩子画的画，还有的通过扫描二维码发送电子图片作为展览资源；第三级是愿意成为策展团队中核心力量、愿意贡献时间和想法的居民，他们甚至主动组织工作坊，成为“社区能人”的角色。

6.5 街区发生器

街区发生器（Space for Neighborhood Empowerment）是一个灵活、开放、会促发街区发生各种公共行动的活力场所。它可以是一个呈现街区魅力的展厅、文化交流的空间，也可以是为居民带来暖心服务与互助行动，或举办街区共治议事工作坊、共享开放沙龙等活动的场所。

工具特征

阶段分类

建立联系	认知现状	形成愿景
制订方案	实施运营	

适用人数

≤ 50 人	51–100 人	**≥ 101 人**

实施时间

≤ 0.5 天	1 天	**n 次 /n 天**

组织难度

低	中	**高**

物料成本

低	中	**高**

目标与特点

（1）为街区增加一个更加开放、有活力的公共空间。

（2）激发街区内丰富多样的个体与社群参与共营街区。

（3）促进街区多元主体与各类资源的互动与共享。

（4）以空间作为载体，树立和传播街区的品牌形象。

温馨提示

（1）街区发生器的设计较为灵活，可根据实际需要确定空间形式和功能模块。但不管形式、风格如何，都应坚持开放、共享的原则，保持其作为一个公共空间在街区生产及传播公共性的初衷。

（2）街区发生器的运营机制设计非常重要，应推进各主体参与街区公共活动或公共议题讨论，推动他们之间产生联系。

（3）发生器触发的一系列激活街区的公共活动，有助于在街区内培育开放、共享、互助的共识，以及由不同兴趣爱好、公共议题催生出的多样化的社群。这些共识与社群将成为街区中宝贵的社会资本，不仅可以为街区的可持续运维提供支持，也可以带动更多主体参与到公共生活中，为提升街区的环境与文化内涵提供各种资源。

概述 常见问题 工作坊类 小工具类 共创产出类 社区激活类 综合性案例

活动流程

1. 发生器选址

通过社区踏查对街区环境进行踏勘了解，选择在人流密集、公共性较强的区域（如街边、路口等）设置街区发生器。在设计和实施之前，应和利益相关方做好空间使用的协调和对接工作，并达成共识。

2. 街区调研

为了更好地了解街区的议题，可对街区发生器所在地周边的商户、社区居民、物业等利益相关方进行深入访谈；还可以举办"社区开放日"，了解各方对街区的愿景；或举办街区共创工作坊，了解各方对于发生器的使用需求。

3. 发生器设计

在经过上述调研后，便可以确定一个街区发生器的选址、外观以及功能定位。它可以由闲置空间改造而成，也可以是一个独立的单体盒子。其内部功能模块的配置可包括街区品牌标识及导视系统、桌椅、活动日历、议题讨论板、展览橱窗、布展工具包、屏幕、智能门禁系统等。

4. 运营机制设计

为了激活发生器的日常使用与活动举办，应同步设计相应的参与运营机制，包括人员管理机制、活动申请机制、场地管理机制、周边公共空间共建机制等。

5. 运营评估

在运营过程中，应及时评估发生器的运营目标是否达成，如是否吸引了更多的街区主体参与，是否促发了更多街区主体的公共行动。如未实现效果，需要对运营的内容或机制设计进行调整。

成果形式

功能模块：可展示的墙面 / 显示屏 / 投影仪、可移动的桌椅、储物空间等。

运营机制：人员管理机制、活动申请机制、场地管理机制、周边公共空间共建机制等。

案例：上海“融·古北驿站”街区发生器

项目地点

上海市长宁区古北国际社区。

项目背景

古北国际社区属于上海市最早一批的高标准国际社区。2009 年，黄金城道步行街开街，以共享的公共空间、丰富的绿化为特点，成为古北国际社区最重要的步行公共空间。然而，由于治理主体不明等原因，步行街面临多方面的运营难题，以及公共性和开放性不足等突出问题。受虹桥街道办事处的委托，大鱼营造在此开展街区营造活动，并在 2020 年秋，在步行街投放了一个街区发生器“融·古北驿站”，希望以其作为媒介，激发街区多元主体对公共事务的参与。

活动内容

（1）街区踏查与选址调研

在对黄金城道制订街区营造计划之前，团队对街区进行了走街调研，梳理了街区内近 200 家商户、6 个社区及其物业等利益相关方，并盘点了街区周边的交通设施、公共空间、商业店铺等资源。

（2）街区议题及利益相关者调研

针对街区的利益相关方进行深入访谈，包括居委会、步行街物业，以及近 30 家不同业态的典型商户。为了深入了解街区议题，组织了一场约 20 人参与的“街区共创工作坊”，将居民、商户、物业以及居委会工作人员等不同身份的主体分成三组，引导不同角色之间开展对话，并共同畅想街区未来的愿景，以及对公共空间的需求。

（3）“融·古北驿站”的设计与诞生

通过前期调研，明确发生器设立的目标，针对其选址、大小、风格与利益相关方进行多次沟通，软装设计也充分考虑未来运营的需要。“融·古北驿站”被打造为一个呈现街区魅力的展厅、共治议事的开放平

台、社群商户的共享空间、人人创作的活力舞台。为了提升街区居民对它的认知，驿站落地时还举办了“融 · 我们在一起”揭幕展，通过与街区的居民、商户共同回顾古北国际社区和黄金城道步行街的历史，呈现生活、工作在这个街区的人和故事，提升了人们对这个新空间的认知。

（4）驿站运营机制设计

依托驿站发起“OpenBox 计划”，希望借此让其成为周边居民的会客厅、融情站。计划旨在支持街区里的个人、商户和群体多元化使用驿站空间，如以四季为主题，邀请商户、居民在驿站里发起各类街区友好活动，包括音乐快闪秀、亲子义卖、跳蚤市场、商户联合义诊等；也鼓励街区里的商户、单位机构等公益性开放各自的空间，用于支持街区公共活动。

（5）街区共享空间的拓展

以“OpenBox 计划”为理念，衍生出街区友好空间网络，旨在通过街区友好空间共建机制，共同实践街区的公共文化与公共价值，同时为商户提供自我展示的窗口，并邀请街区所有人（居民、商户、游客）共同参与对话。通过持续的活动举办，16 家商户加入了街区友好空间网络，逐渐形成了一个支持街区公共文化的共建网络。在 10 个月的时间里，驿站和街区友好空间网络共触发了数十场活动，包括 6 场市集、6 次讲座分享、7 次展览、9 次工作坊和 42 场快闪。

7 综合性案例

7.1 清河街道参与式社区更新

基础信息

所在地

北京市海淀区清河街道

范围

9.37 平方公里

人口

约 15 万人

项目背景

2014 年至今，清华大学社会学、城乡规划等专业的师生扎根清河街道，开展基层社会治理创新实践的“新清河实验”，旨在探索政府治理和社会自我调节、居民自治之间良性互动的方式。

参与式社区规划作为其中的一项重要内容，针对社区场所品质和邻里活力低下等问题，发动社区、社会组织和专业机构等多方主体，整合城乡规划、建筑学、风景园林、社会学、传播学等多专业力量，开展社区体检、楼门美化、广场改造、社区花园建设、社区综合体改造、编制街区更新规划、创建社区规划师制度等系列活动，通过聚焦公共空间品质提升，促进公众参与，激发社区活力，发挥社会—空间互生产机制作用，探索空间规划与社区治理的整合路径，以实现空间微更新与社区复兴相结合的可持续社区更新。

以下三个代表性项目分别从参与式社区更新、社区规划师制度创新与实践、参与式花园营造等方面展开。

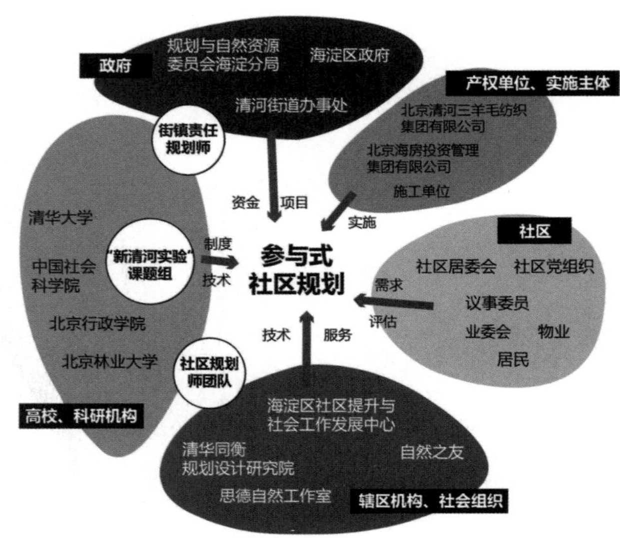

代表性项目 1：阳光社区更新

2015 年 10 月	2016—2017 年	2016 年 12 月—2017 年 3 月	2017 年 2 月
需求和意见征集	改造方案设计	居民参与改造	赋能和共识构建
时长：0.5 天 参与规模：100 余人 工具：开放日	时长：0.5 天 / 次 参与规模：20—40 人 / 次 工具：参与式设计	时长：数月 参与规模：100 余人 工具：微公益创投	时长：3 天 参与规模：100 余人 工具：培力工作坊

2015—2017 年，以阳光社区为试点，开展参与式社区规划与社区更新的工作，探索激发基层活力的方法，形成公共议题，并聚焦社区公共空间，通过专业支持、社区参与的方式推动环境品质和活力的全面提升。

1. 需求和意见征集

通过前期议事委员选举和社区议事协商会议，社区初步形成公共空间改造提升的重点议题。“新清河实验”团队协助社区居委会组织“社区开放日”，整合了社区公共空间使用和需求调研、闲置三角地改造意向征集、社区 Logo 评选、亲子市集等多项活动，吸引了众多居民的积极参与。活动激发了居民对社区公共事务的关注、思考和参与，也有效地广泛收集了公众关于公共空间问题、公共活动需求、广场改造方案等的意见。

2. 改造方案设计

为了更好地吸纳居民对三角地改造的想法，同时提升社区居委会干部、居民和物业工作人员等各类群体对于空间设计的参与兴趣和能力，团队在社区连续举办了多场“建筑师体验工作坊”。

通过逐步递进的参与式设计活动，结合社区公共空间的实际改造议题，以课程讲授、实地测量、分组建模等形式，带领参与者深度认知公共空间、尺度层级、场地设计等基础概念，亲手设计和搭建空间改造模型，并形成三角地空间改造的初步方案。在跨年龄、性别、家庭、身份的小组协作过程中，参与者在相互理解、沟通协商和协作设计等方面的能力得到提升，市民意识逐步得到强化。

2016—2017年近一年的时间内，团队与街道、社区两委、议事委员、居民、物业、施工方等多方主体通过数十轮互动沟通，最终确定三角地改造方案。整个参与式设计的过程，也是各方之间强化联系、建立共识、提升信任的过程。

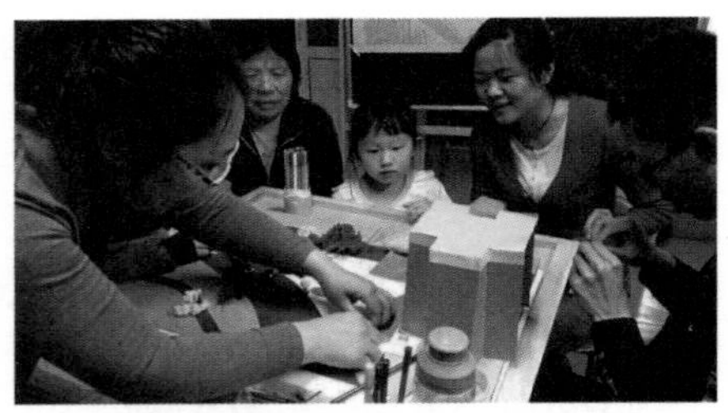

针对三角地空间旁边的楼立面，居民议事提出通过墙绘美化环境和展示社区文化的提案。团队与清华大学学生粉刷匠工作室协会共同开展参与式墙绘活动，充分吸纳居民参与墙绘主题和设计方案的讨论，并共同亲手绘制墙绘图案。多方主体共创墙绘图案，画面内容全部来自社区的真人真事，成为社区魅力生活的生动写照。

三角地改造方案的设计，秉持“开放式设计”理念，尝试为社区参与空间建设提供各种可能。三角地改造主体部分建设完成后，通过发动辖区企业捐赠物料、专业人员提供技术支持，团队带领社区内的孩子们对废旧轮胎进行彩绘，将其改造成三角地广场上的围护构件和休闲设施。在此过程中，不仅让居民们对新改造完成的三角地广场更加关注和熟悉，也培养了孩子们的创造力和动手能力，强化了废物利用的环保意识。

3. 居民参与改造

针对老旧小区楼栋空间环境亟待改善的迫切需求，团队和街道办事处联合推出微公益创投“楼栋美化”活动，鼓励居民以楼栋或楼门为单位，自主完成从改造方案的提出、设计到实施的全过程。主办方联合辖区机构和物业管理公司等提供从资金到技术的多方支持。居民充分发挥各自的创意，从老到幼全龄参与，将楼门空间装点得各具独特风貌。在此过程中，不仅促进了邻里交往与互动，而且增强了社区居民对公共空间自主爱护和维护的公共意识。楼栋美化完工后，居民们积极制订并张贴楼门公约，自发监督和保持楼栋的公共卫生，形成了可持续的公共空间维护管理机制。

4. 赋能和共识构建

参与式规划活动的顺利开展，离不开地方基层工作人员的理念认同和能力支持，因此，团队组织开展了一系列为地方赋能培力的工作坊活动。例如，为期三天的“活力·社区·治理”工作坊，面向街道办事处和社区两委的工作人员以及居民代表，开展了专题讲座、课程讲授、参与式设计等进阶式培训活动，对基层社区治理和社区规划的关键行动者进行组织力和共识力的培训。

代表性项目 2：社区规划师实践

2018 年	2018—2021 年	2021 年
现状调查评估	参与式社区更新	问题和特色研判
时长：数月 参与规模：数百人 工具：社区需求与资源调查	时长：多次多天 参与规模：数百人 工具：参与式设计、社区开放日	时长：数月 参与规模：20—50 人 工具：社区体检
社区规划师团队通过现场踏勘、问卷、访谈等方式对试点社区现状资源和主要问题进行调查，并形成评估报告	通过参与式设计工作坊、社区开放日等活动，邀请居民、志愿者等共同围绕社区公共空间改造和社区服务提升项目，提出建议、参与制订设计方案	建立社区体检指标体系，利用多源数据对覆盖街道全域的社区社会—空间状况进行分析，识别社区特色和问题

1. 现状调查评估

团队协助清河街道建立“1（设计师）+1（社区工作者）+N（社区居民和志愿者）”社区规划师制度，并对口 5 个试点社区分别组建团队，支持开展参与式社区规划工作。社区规划师团队通过现场踏勘、问卷调查、访谈等方式，对试点社区的社会人口、辖区单位、历史人文、设施配套、景观环境等资源进行了全面系统的盘点，并对主要问题和需求进行了梳理和排序。每个试点社区形成了《社区资产调查报告》及《社区需求调查与评估报告》。

2. 参与式社区更新

团队协助清河街道编制了《社区规划师制度试行办法》《社区规划师工作指引》《社区议事协商工作指南》等文件，规范社区规划、议事协商的工作流程和技术方法，支撑社区规划师工作的有序开展。

在此基础上，社区规划师团队与试点社区的社区两委、议事委员、居民等共同协商，在街道和社会力量的支持下，基于参与式方法，产生并落地了一系列各具特色的社区更新项目，包括小区中心广场的整体改造提升、社区花园和共植农园的建设、协助社区搭建议事协商平台推动电梯加装、商业建筑改造为社区综合体等。

3. 社区问题和特色研判

为了更好地指导和统筹各社区发展定位和社区规划工作，团队协助街道建立社区体检指标体系，涵盖生态宜居、健康舒适、安全韧性等共 8 个维度近 80 个指标，构建覆盖清河全域的社会—空间信息数据库和 GIS 平台，汇集社区政务、实地调研、影像图、街景地图、POI 等多源数据，对所有社区进行体检评估。通过快速识别短板和风险，协助各社区明确定位和特色，以更好地推进城市体检评估工作在街区和社区层面的落实，提升其精细度和适用性。建立定期体检反馈制度，为规划的动态更新提供支撑。

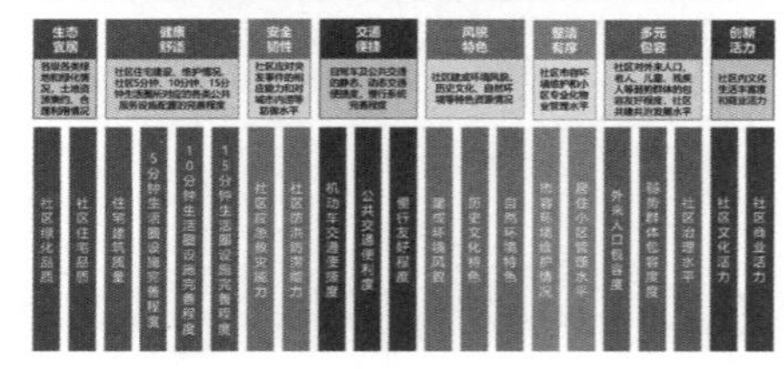

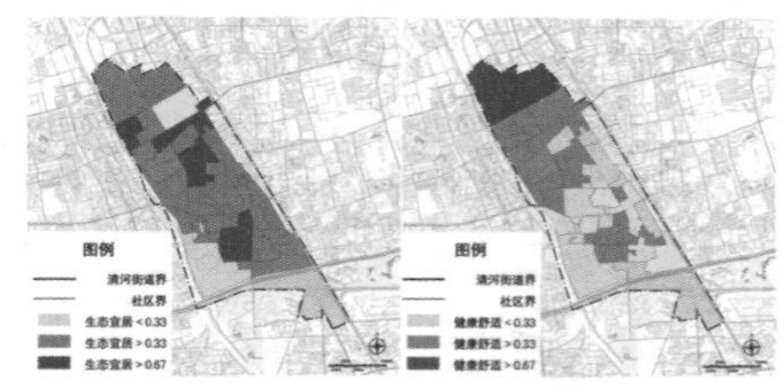

代表性项目 3：社区花园营造

2019 年 3—8 月

花园共建

时长：0.5—1 天 / 次
参与规模：20—50 人 / 次
工具：参与式设计与营建

2021 年 8—10 月

种子接力

时长：数月
参与规模：数百人
工具：SEEDING 行动

1. 花园共建

针对老旧小区中公共绿地长期缺乏有效维护，而居民对于种植活动又具有很大热情和积极性的现状，团队与街道、社区、居民广泛商议后，形成了在多个社区开展共建社区花园的活动方案。

美和园社区规划师团队联合社会组织思得自然工作室，采用参与式设计与营建的方式，通过网络、讲座、公告栏等形式征集志愿者和居民利用多个周末的时间，连续开展现场调研、方案设计、场地整理、花园种植、花园茶话会等系列活动，一同完成方案设计和建造施工，将加气厂小区内一块废弃的公共绿地改造为社区花园。之后，在团队的组织下，居民共同商议制订了花园公约和自主维护的日常管理办法，并自发组建起社区花园维护管理小分队。

在智学苑社区，在原有社区农园的基础上，社区规划师团队联合社会组织自然之友·盖娅设计，在社区居委会的协助下，开展了居民共忆会、方案设计、营建工作坊、“社区里的自然教育课”等系列活动，组织社区居民、周边小学师生和志愿者对农园进行再设计和改造提升，建成了别具特色的社区生态共植农园，并以此为依托，推动学校与社区共建的生态教育课程。

2. 种子接力

SEEDING 行动缘起于“信任、种下希望”的社区花园邻里守望互助公益计划，应对新冠肺炎疫情带来的挑战，倡导以无接触分享种子 / 绿植的空间媒介来传递爱与信任的力量，以行动者共创的方式建设社区花园空间站与在地网络，协同构筑安全、美好的永续家园。社区规划师团队在“清河街道社区花园网络”项目的支持下，在街道辖区企业清华同衡办公楼的公共空间设立种子站，作为 SEEDING 行动在清河的第一站。在企业内部带头探索和实践参与式绿色行动，以种子领取、接力种植、互助培育、收获分享等形式，倡导绿色行动，丰富公共生活，传递人与人之间的信任和对自然、对生活的热爱。

心得总结

1. 充分挖掘和培育在地力量

外来的专业者可以带动几次活动，但后续效果往往难以维持，只有发动在地的社区两委、居民、志愿者、社会组织、物业等多方力量真正参与到社区规划实践中，通过持续性的赋能，促进他们之间的相互理解和信任，提升他们的学习、互助和组织能力，才可能让社区实现自我造血，让发生的良性改变得以维系。外来团队应更多发挥倡导者、支持者和推动者的作用，让社区成为主角。这也有助于改变基层规划建设高度依赖单一政府投入的局面，充分开拓社区及更广泛社会力量在智力、资金、物资等多方面的资源渠道。

2. 注重治理逻辑，循序渐进推动参与

参与式社区规划不等于一上来就发动人们开会、搞活动。针对当前社区普遍存在的人口规模大、流动性高、市民参与意识和参与能力薄弱等现状，规划对象、过程和工具的选择应充分遵循基层社会治理的发展逻辑，如从楼门、楼栋、邻里等“微单元”开始，依托既有的兴趣团体和社区能人，实现参与层级和参与能力的逐步提升。

3. 关注不同群体的需求和价值实现

在清河街道，大量外来人口、回迁安置的居民、新入住的企业年轻员工、原单位大院中的老员工等高度异质化的人群共同居住、工作和生活。如何更好地应对差异化的需求，促进不同群体间的对话和信任成为挑战。在活动中，一方面需要关注特定群体（如儿童、老人等），考虑其具体需求；另一方面应尽量为多元人群创造共同参与和交流的机会，促进不同年龄、家庭、爱好、阶层人群之间的互动和互助。

4. 尊重地方基础，开展在地化创作

社区规划应避免“重金打造绣花针”的倾向或简单复制所谓流行、先进模式的做法，而应以实用、好用、方便为目的进行“在地化创作”，切实服务真实的使用者和管理者的需求。成本效益问题亦是不可忽视的前提。

7.2 新华路街区整体营造

基础信息

所在地

上海市长宁区新华路街道

范围

2.2 平方公里

人口

约 8 万人

项目背景

新华路街区是一个多元文化融合交汇的街区，吸引了不少年轻人在这里工作和生活，同时这里的人口老龄化也很明显。2018 年至今，大鱼营造作为在地社会组织，通过与新华路街道办事处合作，策划并开展了一系列社区微更新的项目，并通过持续的营造活动，如美好社区节、《新华录》刊物共创计划、“一平米行动”“营生记社区策展人”计划等，撬动多方参与，从而激活新华路街区的内生力量。

以下选取了三个不同类型的参与式规划代表项目，分别是小区内部公共空间的更新（睦邻微空间）、街边小巷的改造（步行实验室）和通过创投项目带动的街区公共空间活化（“一平米行动”），来分享不同参与式工具在不同项目尺度、阶段中的具体应用场景与成果。

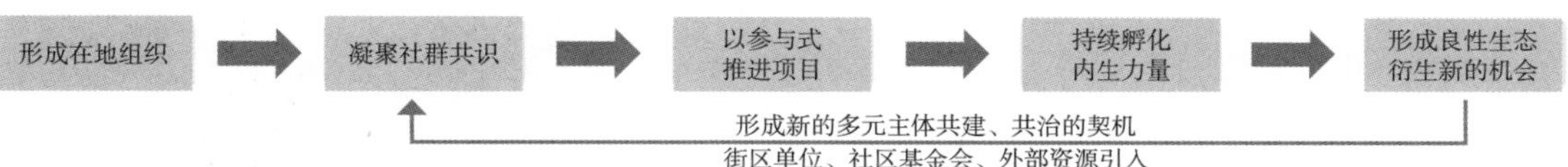

新华路街区的社区营造过程图

新华路街区的社区营造据点分布与街区互助网络

代表性项目 1：睦邻微空间

2018 年 8 月	2018 年 8 月	2018 年 9 月	2019 年 4—10 月
社区情况摸底	征集居民意见	形成改造共识	推进场所营造
时长：0.5 天 参与规模：100 余户居民 工具：入户调研	时长：0.5 天 参与规模：100 余人次 工具：开放日	时长：0.5 天 参与规模：10—20 人 工具：参与式设计工作坊	时长：7 个月 参与规模：10—20 人 工具：口述史、社区展览

“睦邻微空间”原本是一个位于老旧小区的居民传达室。在 2018 年“城事设计节”中，基于企业赞助叠加政府资金的模式，在地设计师、大鱼营造共同加入其设计改造的过程中。居民传达室改造完成后，成了受居民欢迎的邻里客厅。

1. 社区情况摸底

居民传达室属于该小区四个微更新候选点位之一。考虑小区整体户数不多，团队通过扫楼入户调研，快速摸底社区情况，告知居民微更新信息，了解反馈，并邀请居民加入微信群，初步建立起团队与居民、居民与居民之间的联系。

2. 征集居民意见

在靠近小区出入口的户外公共空间组织开放日活动，展示初步设计方案，邀请各点位设计师到场一起参与，进一步征集居民的意见，吸引热心居民来主动表达。

3. 达成改造共识

组织参与式设计工作坊，邀请设计师和社区中不同类型居民代表，如退休老人、三口之家、独居年轻人等，针对几个点位的方案进行深入讨论，并共同探讨如何对空间进行更好的使用和维护。

4. 推进场所营造

邀请居委会、小区党支部、楼组长推荐受访人，进行居民口述史访谈；在线上发布内容征集令，收集不同代际居民的生活故事与老照片等历史影像资料，梳理社区历史大事记与新老居民的社区故事，在改造后的“睦邻微空间”以社区展览的形式向公众呈现。举办影像展，为空间赋予内容并创造属于居民的共同记忆，同时也为访客提供了了解社区的窗口。

代表性项目 2：步行实验室

2018 年 8 月	2018 年 12 月	2019 年 1 月
征集改造意见	居民参与社区美化	庆祝改造完成
时长：0.5 天 参与规模：100 余人次 工具：开放日	时长：0.5 天 参与规模：10—20 人 工具：参与式营建	时长：0.5 天 参与规模：500 余人次 工具：戏剧表演、社区节日

番禺路 222 弄曾经是一条地面凹凸不平、存在安全隐患的街边小巷。在 2018 年“城事设计节”中，在地设计师、大鱼营造联合居民、商户，共同推动将其改造成行人友好的步行实验室。

1. 征集改造意见

在弄堂沿街举办开放日活动，展示初步设计方案、弄堂课题板、互动打卡装置等，征集空间环境中的主要问题和改造意见，邀请设计师、周边商户等相关主体一起参与，并与社区中的关键人物建立关系。

2. 居民参与社区美化

弄堂改造完成后，在公共空间设置种植箱，联合社会组织“四叶草堂”举办社区参与式种植活动，发动居民动手美化社区，增进居民对空间的归属感。

3. 庆祝改造完成

改造完成后，周边居民还没有形成新的弄堂使用习惯，一层商户和居民之间也存在些许矛盾。通过举办社区节日，开展以儿童为主体的社区戏剧活动和以周边亲子家庭为主的市集活动，向周边居民传达“欢迎来坐坐”的信息，邀请大家共同使用小巷空间。之后，社区居委会成立了弄管会，对弄堂的停车、空间文明使用进行持续监督和管理。

代表性项目 3：一平米行动

2021 年 6 月	2021 年 7 月	2021 年 7—8 月	2021 年 9—10 月
项目发布与传播	居民培力与配对	方案深化与筛选	落地呈现与成果展览
时长：1 个月以上 参与规模：面向全街区发布 工具：街区创投、流动宣传车	时长：0.5 天 参与规模：20 人左右 工具：社区踏查、工作坊	时长：1 个月 参与规模：10—20 人	时长：1 个月 参与规模：面向全街区分享 工具：行动模拟、社区展览

“一平米行动”由新华路街道办事处支持，大鱼营造发起，从“每个人都可以通过改变身边的一平米，从而让社区更美好”的角度，以社区居民发现身边议题作为起点，通过工作坊共学，青年设计师、艺术家组队共创支持，专业导师提供指导，最终落地了 10 组行动，产出了微尺度的空间产品、装置、内容，为社区带来活力。

1. 项目发布与传播

通过线上传播、定向邀约、流动宣传车、启动沙龙等方式，广泛发布项目提案征集信息。征集过程持续1个多月，宣传面广泛覆盖全街区，招募艺术家与本地提案者参与。

2. 居民培力与配对

考虑到参与者背景不同，设置基础培力内容，如社区踏查与头脑风暴结合的工作坊，辅助参与者进行课题聚焦，并鼓励对同类议题感兴趣的参与者进行配对合作，分享社区调研的基础方法，帮助大家掌握街区设计的基础思路。

3. 方案深化与筛选

通过导师一对一辅导，支持各组深化和优化方案，邀请各方代表组成方案评议小组，通过方案汇报会，筛选可行的落地方案，匹配资助。

4. 落地呈现与成果展览

正式落地前，建议获得资助的参与者进行低成本行动模拟，为落地方案提供参考，并协助参与者在落地过程中进行协调工作，和对全过程进行影像记录。所有成果落地后，通过社区展览的方式，面向街区讲述“一平米行动”故事。

心得总结

1. 在地发生，持续邀请

空间更新往往只是营造的起点，接下来，在这些空间的日常使用中会有一系列问题，如空间如何被大家使用，如何塑造邻里关系，是否达到了设计的初衷……应继续保持思考、观察和行动，试着在 1 年、3 年后，再来观察参与式的成果。

2. 保有热情，灵活应用

掌握了工具的基础要素后，社区规划行动者就能根据不同阶段的工作目标和对象，得心应手地使用这些工具，还可以进行工具的变形创造、组合搭配。掌握工具使用的同时，保有热情地面对居民同样重要。希望大家在实践的过程中，开发出自己独有的参与式工具百宝箱。

3. 可持续的参与式项目设计

一个地方能迎来硬件改造的机会并不多，当一笔资金、资源突然集中流入，短期内确实可以看到社区明显的变化，这种项目对社区来说是一种撬动性的项目。如果后续没有系统的机制设计与持续的项目设计，改造的成果往往难以维系，居民参与的热情也会渐渐消退。而软性的、成本低的参与式项目更容易持续进行，一开始可能不明显，但通过持续推进，其成果将如同树木长出累累果实。

7.3 机场新村社区博物馆营造

基础信息

所在地

上海市长宁区程家桥街道虹桥机场新村社区

范围

0.2 平方公里

人口

约 0.7 万人

项目背景

程家桥街道作为长宁区乃至上海市的“西大门”，被整体纳入虹桥商务区，是服务虹桥临空经济示范区的重要产业承载区、服务进博会（中国国际进口博览会）的重要疏导区。为充分发挥区位优势，对接区域发展需要，街道提出推进“一街一品”建设，打造虹桥机场新村航空文化主题社区。2020 年，大鱼营造开始参与虹桥机场新村社区品牌打造工作。基于前期调研，团队提出在社区里嵌入一个社区博物馆的想法，让居民可以讲述自己的故事，策划自己的展览，营造从社区生发出的博物馆。

社区博物馆营造工作总体可以分为以下三个基于不同主题的代表性项目，分别是社区参与式博物馆策划、“我们都是机场人”主题展览和社区品牌打造，从不同维度实现博物馆和社区的紧密互动与活力共塑。

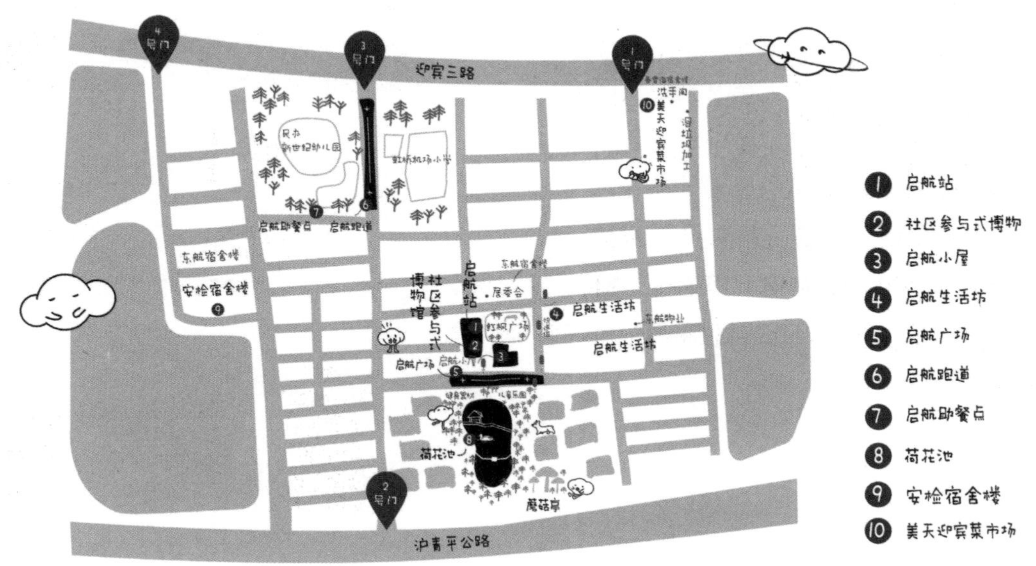

代表性项目 1：社区参与式博物馆策划

2020 年 6 月	2020 年 8 月	2020 年 9 月	2021 年 3 月
开展社区情况摸底	引入参与式工作方法	形成参与和共创机制	推进场所营造
时长：0.5 天 参与规模：200 余户居民 工具：社区踏查	时长：0.5 天 参与规模：100 余人 工具：开放日	时长：0.5 天 参与规模：10—20 人 工具：社区展览和共创工作坊	时长：0.5 天 参与规模：100 余人 工具：庆祝日

对机场新村活动中心一层东方信息苑的闲置空间进行改造升级，将其营造为一个功能复合的社区博物馆，既能办展览，也能做社区活动，更能成为社区议事的发生地。采用全龄友好的空间设计，同时服务社区中的老人、儿童、中青年等多种人群；以策展的方式，借助多媒体和议题的包装，吸引居民的关注，提升信息传达的效率，促进多元群体之间的相互理解。

1. 开展社区情况摸底

发动并组织社区居民对社区内整体情况进行踏查，了解闲置空间状况以及社区中的关键领袖人物，并与其建立联系。

2. 引入参与式工作方法

举办社区开放日活动，在社区公共空间针对社区相关议题邀请居民公开发表意见，奠定居民参与的基础。

3. 形成参与和共创机制

邀请有兴趣参与的居民组成社区展览策划小组，商议社区参与式博物馆建设方案，并开展博物馆展示内容和视觉设计的共创工作坊。

4. 推动场所营造

举办博物馆开馆庆祝日活动，邀请社区居民和外部媒体共同参与博物馆开幕剪彩活动，培育大家对博物馆的场所认同。

代表性项目 2：“我们都是机场人”主题展览

2020 年 11 月 —— 项目发布与传播

时长：1 个月以上
参与规模：面向社区和外部发布
工具：社区展览

2021 年 2 月 —— 方案深化与筛选

时长：1 个月
参与规模：10—20 人

2021 年 2—3 月 —— 落地呈现与成果展览

时长：1 个月
参与规模：面向全街区分享
工具：社区展览

虹桥机场建设的不同时期为机场新村导入了多元、变化的社区人群，赋予其多样的文化背景，培育了不同时期的颜值与气质。本次名为“我们都是机场人”的策展实践是在程家桥街道指导下，聚焦带有鲜明地域特点的机场新村社区，以社区大事记为主线，通过社区居民讲述和社区工作坊的形式发掘社区特有的文化积淀，采用艺术和设计融入的方式与社区居民展开全方位、多维度的互动，探索艺术干预对社区文化形成以及社区治理所产生的影响。通过这样的展览形式，展现生活在机场新村的三代人对社区所凝结的情感特征及表现形式，以及学习、工作、生活在周边的人群对机场新村独有的社区文化所产生的印象和未来期许。

1. 项目发布与传播

打造一个多元性博物馆意味着其来源和内容都是多元的。因此，让社区成员成为博物馆内容的提供者，让他们的留言、展品创造新的故事。

2. 方案深化与筛选

社区居民成为“策展人”，比如老师傅送来制服肩章，还有许多人送来飞机模型。博物馆的运营方式和开放机制都是开源的，馆长也可以轮流来作。想要办活动、做展览的社区居民和组织都可以利用这一空间。

3. 落地呈现与成果展览

打造有情感共鸣的文化体验场所，让社区博物馆成为社区品牌的“旗舰店”，居民们在这里都能找到归属感和自豪感。

代表性项目 3：社区品牌打造

2020 年 11 月	2021 年 1 月	2021 年 2 月
社区调研	社区品牌共创	方案深化与筛选
时长：1 个月以上 参与规模：100 人左右 工具：入户访谈	时长：0.5 天 参与规模：20 人左右 工具：共创工作坊	时长：1 个月 参与规模：10—20 人

除了通过外部设计为社区带来新的活力，更应注重对社区在地力量的挖掘和赋能，可以通过一系列与社区共创的活动来挖掘社区的精神内核。虹桥机场新村作为紧邻虹桥机场的居住社区，它和机场的关系是密不可分的：从最早作为东方航空、上海机场和航空管理局的福利住房，这里是老一辈航空人的家园，承载了许多的记忆和故事；到现在仍然承载着许多航空从业人员的居住和生活，并吸引了更多因为机场区位而搬来的新居民。

社区品牌打造的任务就是以机场元素与航空文化为主题，创造基于共同生活经验的社区文化——寻找社区中具有共性的点，如社区文化、在地教育等，以此为纽带将大家聚集起来，形成共同的目标，弱化差异，并把在整个过程中产生的归属感和社区信任带到未来的共治共议中，逐渐构筑社区共同体。

在机场新村的社区品牌符号设计中，通过参与式共创的方法（如游戏、工作坊、儿童观察等）对符号和图形意向进行调研和收集。历经 2 个月共获得了近百份成果，经过后期加工，最终确定社区符号。一系列的共创活动赋予了人们产生联系的动机和机会。

1. 社区调研

对社区情况进行整体考察和入户访谈，走访居委会和社区里不同年龄段的居民，抓住社区现存的核心问题和矛盾点。

2. 社区品牌共创

发掘“民航人精神”作为社区品牌的精神基因，把大家凝聚在一起，面向社区的居民特别是儿童举办共创工作坊，邀请他们用孩子的视角绘制关于社区的印象。

3. 方案深化与筛选

“社区符号”作为社区精神的载体和媒介，可以是沿用的，或者挖掘和共创出来。团队通过沿用社区徽标的主题色，结合儿童在共创过程中形成的方案进行深化和筛选，最终形成虹桥机场新村的社区品牌。

心得总结

1. 邀请多方参与，注重对年轻人的挖掘和赋能

“参与式”是社区博物馆深入人心的核心理念和重要工作方法。社区成员自然成为策展的重要成员。有故事、有热情的社区能人最先加入进来，在外来的艺术家和策展人的指导和协助下，贡献专长，讲述社区的故事，分享家中的珍藏，或者是拿出自己宝贵的休息时间来担任志愿者。

社区博物馆既是很多活动的策划地，也是调研活动的开展地，时间长了，这里更渐渐成为大家的交流中心。老人在门口晒太阳、写毛笔字，放学后小朋友来这里写作业、玩游戏、认识新的伙伴，妈妈们来交流育儿经验，年轻人来看电影、玩桌游。很多参与社区规划的年轻人就是这样被我们找到的。

2. 组建社群，发挥社区能人的带头作用

通过组建微信工作群、兴趣群、志愿者群等，进行线上信息的传递，并用点对点邀请的方式进行项目宣传。此外，通过发挥社区能人的带头作用，以生活化的形式、生动的内容将“社区里有个博物馆”的信息对外传播，背后的故事分享也成为聚集居民一来再来的重要吸引点。

3. 支持居民形成自运营机制

每天下午 6 点后是社区博物馆的人流高峰期，通常每天有 200 多人次。会有妈妈带孩子来分享绘本，老人来聊往事，年轻人来看电影。团队的一大作用就是利用高人气和流量，支持社区居民自发制订规则、举办活动，形成可持续的运营和维护机制，来保障博物馆的正常运转。

4. 及时调研使用评价，推动运营优化

在社区博物馆试运营期间，每次活动都进行服务满意度调研，及时询问服务对象的感受和获取反馈。通过获得大量来自居民们的反馈意见，有利于有针对性地改进相关方案和优化运营机制。

7.4 翠竹园社区中心儿童参与式改造

基础信息

所在地

南京市雨花台区翠竹园社区

范围

0.4 平方公里

人口

约 0.8 万人

项目背景

翠竹园社区位于南京市雨花台区花神湖畔以中高档商品房为主，居民年龄层次、知识水平和职业类型的异质性都较高，中青年和儿童人数较多。2013 年，翠竹园居民自发成立了社区社会组织翠竹园互助会，旨在以“相信、参与、承担、互助”为愿景，挖掘全年龄段居民需求，整合社区资源，打通居民组织化参与、协商化议事渠道，不断梳理、总结社区互助参与营造模式。

为了更好地满足社区内各年龄段儿童的需求，挖掘家长志愿者资源，形成多个亲子类自组织，互助会将儿童参与式设计和营造作为社区工作的重要内容，注重通过培养社区儿童参与议事和进行参与式规划的能力，倾听儿童的心声，帮助他们发现：在社区中一切都能成为可能。

本案例是社区中儿童共同参与社区服务中心三楼闲置空间（一个狭长走道及户外平台）的改造。基于儿童视角，在专业建筑设计师和志愿者的引导下，通过一整套儿童参与规划设计体系，充分利用社区公共设施的小微空间进行微更新，打造了包含社区 WE 剧场、户外学堂、俱乐部互动中心、心灵驿站、咖啡厅、微型图书馆、美食学堂等多项功能的社区微中心（Wecenter），其中户外平台空间被孩子们命名为“天空梦工场”。

总体而言，社区微中心的改造过程主要包括以下三个阶段的项目。

代表性项目 1：梦之起源——闲置空间，变废为宝

2014 年 2—3 月	2014 年 4—7 月	2014 年 7 月
信息收集，任务拟定	知识讲解，共商规则	模型推演，方案创作
时长：0.5 天 / 次 参与规模：20 余人 工具：社区踏查、共创工作坊	时长：0.5 天 / 次 参与规模：20 余人 工具：“小小建筑师”课程	时长：10 天 参与规模：20 余人 工具：参与式设计、规划真实模拟

1. 信息收集，任务拟定

要建设儿童友好空间，儿童作为空间未来的使用者、主要利益方，前期组织他们开展实地调研尤为重要。社区工作者招募社区儿童加入“小小建筑师”团队，参与三楼闲置空间的参与式规划调研活动。首先，在专业设计师及志愿者的带领下，孩子们通过实地踏查、现场测量的形式了解社区及空间基础信息；接着，大家去其他社区参观访问，借鉴相应场景的空间布局和功能设置；最后，以共创工作坊的形式，集思广益制作出含有共同目标、共同行动的具体可执行的任务书，呈现整体规划和下一步行动计划。在此过程中，孩子们对现有的室内外空间的设置提出了数百种奇思妙想，包括小剧场、图书馆、游乐场、保险银行等。

2. 知识讲解，共商规则

确定任务书之后，邀请专业设计师和志愿者为儿童讲解建筑知识，包括建筑美学、方案设计、材料选择、搭建知识等内容。在“小小建筑师”的课程正式开始前，为引导儿童具有伙伴协作、协商的意识，由志愿者带领他们一起讨论并制订课堂规则、奖惩依据和措施等。

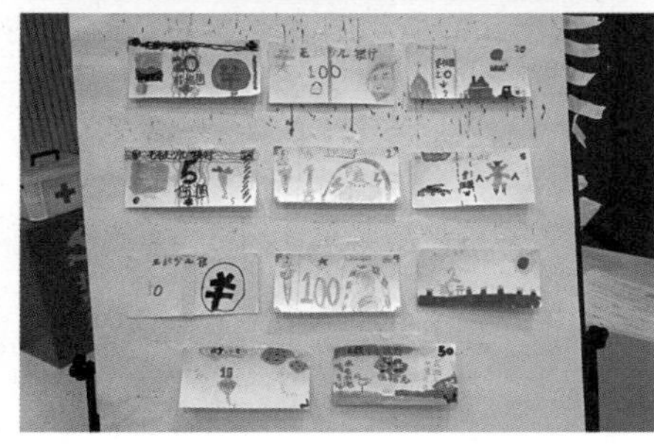

例如，发动孩子们共同设计“无敌币”，作为“小小建筑师”活动中的流通货币。大家围绕钱币票面几个关键要素，充分发挥想象，绘制出各种各样、生动有趣的“货币”形式，并印刷出来让孩子们在参与活动中使用。“无敌币”一方面可用于兑换活动参与费用，另一方面可作为活动过程中的适度奖惩，让活动更有趣味性。

3. 模型推演，方案创作

具有相关理论知识储备后，继续进行微中心改造的空间模型推演。要想设计内容和室内空间相互搭配、相得益彰，在此阶段需要更专业、深入地进行实地考察，注重以儿童参与式设计的方式不断完善方案。通过采用规划真实模拟和参与式设计工作坊等形式，在有专业建筑素养的志愿者团队帮助下，不断完善、提升方案；并利用纸箱、木材和其他材料，带领孩子们搭建出 1 ∶ 1 的室内场景，以及按比例缩小的室外场景，用于显示效果和推敲方案。此过程逐步引导儿童将自己的想法和创造在设计中实现，通过亲身体验让他们更加了解自己所生活的社区，从而增加归属感。

代表性项目 2：逐梦之路——多方助力，共商共议

2015 年 1 月	2015 年 1 月	2016 年 6—9 月
方案深化，参与营建	资源募集，广而告之	提案表决，方案公示
时长：0.5 天 / 次 参与规模：30 余人 / 次 工具：参与式营建	时长：0.5 天 / 次 参与规模：100 余人 / 次 工具：开放日、社区刊物	时长：0.5 天 / 次 参与规模：50 余人 / 次 工具：社区展览

1. 方案深化，参与营建

模型完善后，社区工作者邀请专业设计师进行方案深化，绘制设计图纸，确定实施方案，从专业角度增强方案的可操作性。在条件允许的情况下，充分创造出适合儿童参与建造的场景机会。如户外墙绘邀请了有绘画专长的志愿者，带领儿童全程参与，共同完成整体墙绘任务。这种参与式营建活动在很大程度上增强了孩子们的参与感和成就感。

2. 资源募集，广而告之

资源募集是推广实践中的关键一环，通过鼓励儿童参与资源筹集，最大化利用社会资源，同时公开透明地呈现微中心更新改造的全过程。在社区中选择人流量较大的广场、游戏场等户外公共区域，举办“开放日”活动，由“小小建筑师”团队的孩子们分工协作，作为项目讲解员、资源募集者，摆放展台，展示募集宣传品，向邻居们讲解微中心改造项目的全流程。在社区工作者和家长志愿者的帮助下，进行人、财、物等资源的信息登记。此外，通过各类媒体发布信息，获取资源募集平台的支持，如参与腾讯公益平台的“99 公益日”项目。

3. 提案表决，方案公示

项目启动资金募集后，通过提案汇报的形式，征求社区各相关利益方意见。“小小建筑师”团队的孩子们向居委会、业主委员会、物业和社会组织进行提案陈述，将项目内容、可行性方案、维护运营等内容可视化后直观呈现。同时，听取各方意见并进行答辩和记录，后期根据会议内容进行方案的修正。最后，采用线上、线下结合的宣传方式，将方案在社区内进行公示。

代表性项目 3：寻梦始终——社区参与，全员共建

2017 年 10 月—2018 年 2 月

投入建设，参与监督

时长：0.5 天 / 次
参与规模：30 余人 / 次
工具：参与式营建

2018 年 3 月至今

一室多用，自主维护

时长：常态化
参与规模：20 余人
工具：社区节日、社区活动

2018 年 3 月至今

公平开放，持续运维

时长：常态化
参与规模：10 余人 / 次
工具：社区节日、社区活动

1. 投入建设，参与监督

方案确定后，进行建造施工。“小小建筑师”团队成员就地转化成空间建设监督小组，对空间建设进度、内容、质量进行全过程的观察和监督。比如，在社区图书馆和花园的建设中，孩子们观察工人是如何工作的，是否与设计内容相符，及时汇报建设过程中

的问题和建议，从而增强了他们的参与感和自豪感。建成之后，在空间如何使用、如何提高利用率上，孩子们都可以找到自己发挥的空间。

2. 一室多用，自主维护

室内改造项目充分利用公共的小微空间，进行微更新，打造了社区 WE 剧场、户外学堂、俱乐部互动中心、心灵驿站、咖啡厅、微型图书馆、美食学堂等多功能模块。空间改造后常用于社区内各类自组织的日常活动和社区节日、节庆，空间可以拼搭组合使用。室外改造项目中已经成功建好防水系统、天空梦想花园、社区小舞台等。尤其是梦想花园的建设中，家长志愿者和孩子们自发统计空闲时间段，主动排班浇水、种植，维护共同努力的成果。

3. 公平开放，持续运维

项目在儿童提案阶段就建立了空间使用、维护方面的共识原则和议事规则，要求每位使用者发自内心地遵守使用规则。空间建成后，采用公平预约和错峰使用制度，使用者向社区工作者说明用途后，采用对等原则辨别空间使用是否收费，即使用者向活动参与者收费，则需要缴纳场地费，也可用志愿者积分兑换；如不收费，则可免费使用场地。空间使用收取的费用主要用于设施设备的日常维修，对空间内设施进行规范化管理，确保场地的安全性、实用性、适宜性。

心得总结

1. 儿童参与是儿童友好社区的重要体现与核心

当代儿童教育聚焦于孩子的成绩教育，但是社区建设在一定层面上忽视了儿童参与社会公共生活的可能性和必要性。通过“小小建筑师”的课程，发动社区中的儿童成立自己的小组织，对社区情况进行调研，发现社区问题，挖掘社区潜在需求，动员社区成员进行各种形式的参与，最后孩子们自己动手设计出符合社区期望的蓝图。这一系列流程下来，可以促进儿童参与社区公共事务的管理与规划，让孩子们体会到他们改变社区、改变人的可能性，认识到他们也是社区的主人，从而增强他们对于社区和自己的信心。

2. 整个家庭和社区一起发挥潜力，促进儿童友好社区创建

最初进行“小小建筑师”课程的时候，没有政府补贴或其他经费来源。整个过程中使用了参与式建造的方法。小建筑师们在参与的过程中必须考虑各项成本和预算等问题，甚至有时候需要他们自己和家庭掏钱或者调用自己的资源来参与。做到了这些，参与者才发现这种改变是社区真正需要的，并且是迫切的。家长从中看到孩子的成长和能力提升，甚至自己和整个家庭也愿意参与。

3. 每个人都是参与者，每个人也都是受益者

整个项目流程走下来，相当于一个社区从规划到营造的完整流程，需要的时间比较长，参与的人数从少到多，中间的各个环节都是参与者不断增加的过程，最后几乎带动整个社区的参与，大家一起思考空间如何利用并得到更好的维护。更进一步，这个流程被打包成“小小建筑师”的课程，推广到其他的社区和地区。课程已经帮助完成了贵州高芒小学围墙建设、成都锦城社区公园设计等项目。